数字化转型时代：信息化建设与实践创新指南系列丛书

高校网络安全管理与数据安全治理

郭　涛　马倩雯　李　晖　**编著**

鄢　然　李伟清　马　蓁

刘　丹　赵兴文　李淼邱双　**参编**

梁红霞

西安电子科技大学出版社

内 容 简 介

网络安全和数据安全与国家安全、政治民生息息相关。本书主要介绍了网络安全管理与数据安全治理的相关知识，全书分为 5 章，第 1 章为网络安全概述，介绍了网络安全的相关概念、重要性、法律法规及其在新兴技术中的应用；第 2 章为网络安全体系与技术综述，介绍了网络安全模型、框架与架构、技术与产品；第 3 章为网络安全管理体系，介绍了网络安全管理体系、管理策略、信息化在网络安全管理中的应用、网络安全管理的相关辅助平台等；第 4 章为网络安全威胁与应对处置，介绍了物理与环境安全威胁、业务系统安全威胁、社会工程学与网络安全、网络安全事件、网络安全组织架构与应急流程；第 5 章为数据安全管理与分类分级，介绍了教育数据管理体系、数据安全、数据分类分级等。

本书概念清晰、理论严谨，注重理论联系实际，适合作为网络安全与数据安全相关专业院校学生的教材和工程技术人员的学习参考资料与指导书，也可作为网络安全管理人员和运维人员的实训教材与交流材料，以及热心网络安全人员的自学用书等。

图书在版编目 (CIP) 数据

高校网络安全管理与数据安全治理 / 郭涛，马倩雯，李晖编著.
西安：西安电子科技大学出版社, 2025.5. -- ISBN 978-7-5606-7496-4

Ⅰ. TP393.08

中国国家版本馆 CIP 数据核字第 2024M4F299 号

策　　划　裴欣荣
责任编辑　刘玉芳　　裴欣荣
出版发行　西安电子科技大学出版社 (西安市太白南路 2 号)
电　　话　(029) 88202421　88201467　　　邮　　编　710071
网　　址　www.xduph.com　　　　　　　　电子邮箱　xdupfxb001@163.com
经　　销　新华书店
印刷单位　陕西精工印务有限公司
版　　次　2025 年 5 月第 1 版　　　2025 年 5 月第 1 次印刷
开　　本　787 毫米×1092 毫米　1/16　印　　张　13.5
字　　数　189 千字
定　　价　42.00 元

ISBN 978-7-5606-7496-4

XDUP 7797001-1

*** 如有印装问题可调换 ***

序

高等院校作为知识创新与传播的殿堂，正以前所未有的速度融入信息时代。近年来，高校在教学、科研、管理等方面实现了高度信息化，但也面临着前所未有的网络安全与数据安全挑战，这关系到教学秩序、科研成果以及师生个人信息保护等问题。在大数据时代，高校积累的教学、科研和个人信息等高价值数据不仅是宝贵的资产，也是网络攻击的主要目标。在开放共享的网络环境中，黑客攻击、病毒传播、信息泄露造成的数据安全问题，会给高校带来不可估量的损失。因此，建立健全数据安全治理体系，对于保障高校数据资产的安全、促进数据资源的充分利用具有十分重要的意义。

本书通过系统梳理高校网络安全管理的现状与挑战，深入剖析数据安全治理的理论与实践，为高校管理者、信息安全专业人员以及广大师生提供一套全面、实用、可操作的网络安全管理与数据安全治理指南。书中内容不仅涵盖了网络安全的基本概念、政策法规、技术体系以及网络安全威胁与应对处置等，还重点介绍了数据安全治理的策略、流程、技术工具及数据分类分级等；同时，结合高校的实际案例，分析了网络安全事件和数据泄露事件的成因、影响及应对措施，为高校构建符合自身特点的网络安全管理与数据安全治理体系提供了有益的参考。

本书内容全面，深入浅出，既有理论高度，又有实践深度，能够为读者提升网络安全与数据安全技术和管理水平，为高校教学、科研和管理的数字化转型提供重要参考。期待读者深入思考相关问题，在交流学习的过程中共同为我国网络空间安全事业的发展贡献智慧和力量。

管晓宏

2024.12.13.

前　言

随着数字技术的迅猛发展和广泛应用，网络安全与数据安全所面临的挑战也日益严峻，网络安全已被提升至国家安全的层面。近年来，国家配套出台了一系列政策文件和战略规划，不仅明确了维护网络安全和数据安全的基本方针、原则和目标，也详细规定了各级政府部门、企事业单位和社会组织在网络安全与数据安全工作中的职责和任务，为安全管理工作提供了坚实的制度保障。

网络安全和数据安全事关国家安全和社会稳定，是经济发展和社会进步的重要保障。针对数据泄露、网络攻击等安全事件给高校治理带来的巨大挑战，只有加强网络安全与数据安全管理，才能有效保护高校数据资产的安全，为学校教学、科研、管理的高质量发展提供有力保障。在促进网络安全和数据安全的各项措施中，相关人员的培养是重要一环。只有提高相关人员的网络安全意识，树立正确的网络安全观，才能适应新时代的安全要求，提高安全风险的预判能力，从而筑牢网络安全防护屏障。

本书是在技术发展、积累和迭代基础上结合高校网络安全保障工作经验与需求编写而成的。本书以网络安全与数据安全人才培养为目标，内容涉及网络安全法律法规、网络安全及数据安全模型与架构、网络安全威胁应对处置、数据分类分级等，旨在通过理论和实践相结合的方式，与读者共同学习，一起提高网络安全与数据安全意识，掌握网络安全管理的知识和技能，为推动我国网络安全与数据安全事业的发展作出积极贡献。

本书内容丰富、文字简练、案例典型，涉及安全与网络的诸多方面。本书由多位网络规划设计专家、网络安全管理一线教师及实操评测工程技术人员共同策划编写而成。本书在编写的过程中，得到了社会各界人士的关心与支持，书中凝结着多位学者的集体智慧，特此感谢中国科学院院士管晓宏，以及傅丰林教授、裴昌幸教授、李金库教授、姚聪莉教授等专家的付出。

由于编者水平有限，文中疏漏与不妥之处在所难免，请广大读者批评指正。

编　者
2024 年 9 月

目 录

第 1 章　网络安全概述

在数字化转型的全球背景下，网络空间已发展成为承载国家政治、经济、文化活动的战略性新型空间。然而，勒索软件攻击导致系统瘫痪，跨国数据泄露危及千万用户隐私，网络诈骗蚕食社会信任根基——这些频发的安全事件如同数字时代的"黑天鹅"，时刻叩击着网络空间的脆弱性，给个人、企业和政府带来了前所未有的挑战。

本章为网络安全基础知识概述，包括网络安全基本概念和重要性、网络安全相关法律法规、新兴技术在网络安全中的应用以及网络安全人才培养等内容，目的是帮助读者初步了解有关网络安全的基础知识。

1.1　网络安全基本概念

1.1.1　网络安全的定义

《中华人民共和国网络安全法》(以下简称《网络安全法》) 对网络安全有明确的定义：网络安全，是指通过采取必要措施，防范对网络的攻击、侵入、干扰、破坏和非法使用以及意外事故，使网络处于稳定可靠运行的状态，以及保障网络数据的完整性、保密性、可用性的能力。具体来说，网络安全的主要内容包括：

(1) 访问控制：实施权限管理，以确保只有获得授权的个体才能获取网络资源的访问权限。

(2) 数据加密：通过应用加密措施来确保在传输和存储过程中数据的保密性和安全性。

(3) 安全审计和监控：为识别潜在的安全威胁，执行周期性的网络安全审查和跟踪，并采取相应的应对措施。

(4) 法律和合规性：遵循适用的法律法规，包括但不限于数据保护和隐私在内的相关法律法规，以确保网络安全策略和实践与法律标准保持一致。

(5) 灾难恢复和备份：为确保在发生意外时能够恢复网络系统和数据，制订有效的灾难恢复计划并建立数据备份机制，保障网络的连续运行和数据安全。

(6) 应急响应：构建完整的的网络安全事件处理流程，以保障出现各类网络安全事件时能得到及时且有效的处置。

(7) 教育和培训：注重网络空间安全素养培育体系建设，通过标准化培训机制强化用户网络行为规范。

1.1.2　网络安全的特征

网络安全是动态演进的综合性学科体系，在保障信息系统机密性、完整性、可用性、可控性、可审查性及可保护性等方面具有重要作用，具体如下：

(1) 机密性：信息不泄露给非授权的用户、实体或过程，或供其利用的特性。该特性确保敏感信息如个人隐私、商业机密等不被未授权的人员获取，它是网络安全的基础。

(2) 完整性：数据未经授权不能进行改变的特性，即信息在存储或传输过程中保持不被修改、不被破坏和丢失的特性。该特性保护信息的真实性和准确性，防止数据在传输或存储过程中被篡改或损坏。

(3) 可用性：可被授权实体访问并按需求使用的特性，即需要时能取到所需的信息。该特性确保系统和网络在正常运行状态下,用户能够随时访问和使用所需的信息和服务。

(4) 可控性:对信息的传播及内容具有控制能力,可以控制授权范围内的信息流向及行为方式。该特性允许网络管理员或系统管理员对信息和网络资源进行有效的控制和管理,防止非法访问和滥用。

(5) 可审查性(或称可追溯性):对出现的安全问题提供调查的依据和手段,使用户不能抵赖曾作出的行为,也不能否认曾经接到对方的信息。在发生安全事件时,该特性确保能够追溯和审查相关的操作和行为,为事件的调查和处理提供依据。

(6) 可保护性:保护软、硬件资源不被非法占有,免受病毒的侵害。该特性确保网络系统的硬件和软件资源得到有效的保护,防止非法入侵和病毒攻击对系统造成损害。

1.2　网络安全的重要性

1.2.1　政治与国家安全

2014 年 2 月,中共中央正式成立中央网络安全和信息化领导小组,由习近平同志担任组长。在中央网络安全和信息化领导小组第一次会议上,习近平同志明确强调,网络安全和信息化是事关国家安全和国家发展、事关广大人民群众工作生活的重大战略问题,要从国际国内大势出发,总体布局,统筹各方,创新发展,努力把我国建设成为网络强国。他在会议上指出:网络安全和信息化对一个国家很多领域都是牵一发而动全身的,要认清我们面临的形势和任务,充分认识做好工作的重要性和紧迫性,因势而谋,应势而动,顺势而为。在2018 年 4 月召开的全国网络安全和信息化工作会议中,习近平同志进一步阐明,没有网络安全就没有国家安全,就没有经济社会稳定运行,广大人民群众利益也难以得到保障。

政治稳定是国家长治久安的核心因素，网络空间安全风险则可能成为社会矛盾激化的催化剂。近年来，针对行政中枢、国防体系、通信网络及战略性产业链的恶意网络攻击，不仅造成了严重的经济损失，更削弱了社会公众对治理体系的信任基础。以政府门户网站遭遇分布式拒绝服务攻击为例，系统崩溃将导致政务信息发布渠道中断，若叠加敏感数据泄露或政策文件篡改，极易诱发公众对施政透明度的质疑，进而演化为群体性事件。因此，构建多维度网络安全防御体系成为保障政治安全的重要着力点。现代国家治理体系依靠立法建制、设立网络空间安全委员会等专职机构、实施关键信息基础设施分级保护制度等系统性措施，在数字时代筑牢国家安全屏障。

1. 网络安全的政治意义

网络安全的政治意义主要体现在以下三个方面：

(1) 保障国家安全。网络安全是国家安全的一部分。保障国家的政治、军事、经济、科技等关键领域的信息资产不被泄露、篡改或破坏，是维护国家安全的重要任务。随着网络战愈演愈烈，网络安全也成为了军事安全的重要组成部分。特定行为体通过 APT 攻击、供应链污染等手段渗透关键节点，可能使作战指挥链路瘫痪、劫持战略数据资源，甚至引发军政系统功能性紊乱，形成系统性安全危机。因此，加强网络安全是防范网络战威胁、维护国家主权和安全的重要手段。强大的网络安全体系，可以使国家提高自身的网络防御能力，减少潜在的网络攻击风险。

(2) 维护政治稳定。安全是发展的前提，有序稳定的社会环境是经济建设和社会发展的必要条件。网络安全直接关系到国家政治稳定，是保障国家发展全局的重大战略任务。网络攻击、信息泄露等事件可能引发社会动荡，甚至威胁到国家政权的稳固。

(3) 促进国际合作。网络安全面临全球性挑战，网络空间已成为国家间竞争与合作的新领域。网络攻击和威胁往往具有跨国性，没有哪个国家能够独善其身，各国应加强国际合作，共同应对网络威胁，维护网络空间的安全与稳定，构建网络空间命运共同体，促进国际社会的和平与发展。网络安全领域的国际合作也有助于推动各国在网络安全问题上的共识，为制定国际规则和标准提供基础，规范网络行为，减少网络冲突和误解。

2. 网络安全案例

1) 棱镜门事件

棱镜计划 (PRISM) 作为美国国家安全局 (NSA) 实施的电子监控项目，通过法定授权要求科技企业提供用户通信数据。该项目涵盖电子邮件、视频会议记录、社交媒体交互信息等内容，涉及微软、谷歌、苹果等多家跨国互联网企业。前美国国家安全局外包技术人员爱德华·斯诺登于 2013 年 6 月向媒体披露项目机密文件，揭露美国政府依托私营企业进行大规模数据监控的运作机制。此类国家级监控体系的公开，不仅加剧了跨境数据主权争议，更刺激了网络空间军事化趋势的发展。这种监听行为可能引发其他国家效仿，导致网络空间中的监听、窃密、攻击等行为频发，进一步加剧网络安全风险。

2) SolarWinds 供应链攻击事件

2020 年 12 月，美国软件公司 SolarWinds 遭遇供应链攻击，攻击者通过在 SolarWinds 的软件更新中植入恶意代码，致使包括美国国务院、国防部、财政部在内的多个联邦机构，以及微软、FireEye 等科技企业的内部系统遭受深度渗透。此次攻击被列为网络安全史上最具技术复杂性的国家级网络行动案例。

1.2.2　社会与公共安全

随着网络技术迭代升级，网络安全威胁成为社会与公共安全的核心威胁要素之一。推进网络安全防护体系现代化建设，形成多层次主动防御能力，对保障社会秩序稳定及公共安全治理具有战略意义。

1. 网络安全的社会意义

网络安全的社会意义主要体现在以下三个方面：

(1) 维护社会公共秩序。网络平台作为数字时代信息传播的主渠道，面临着虚假信息扩散与网络诈骗高发的情况。此类行为不仅会对公民财产、心理造成双重损害，还会因为扰乱信息生态而引发群体性恐慌，造成社会失序的风险。随着物联网、大数据、云计算等技术的广泛应用，网络空间与物理世界的界限日益模糊，网络攻击、数据泄露等安全事件不仅会对个人和企业造成损失，还可能对社会公共服务造成严重影响，进而威胁到公共安全。因此，加强网络安全监管和防护，打击网络谣言和虚假信息传播，遏制网络欺诈、网络暴力、网络骚扰等不良行为，提高公民的网络安全防范意识，是减少网络犯罪活动、保障人民群众利益的重要途径，也是维护社会稳定的重要一环。

(2) 保障关键基础设施安全。能源、交通、通信等关键基础设施一旦遭受网络攻击，轻则造成区域停电断网，重则引发全国性经济瘫痪。因此，保护这些基础设施的数字防线，就是在守护国家经济的命脉。

2. 网络安全案例

1) 勒索软件 (Ransomware) 攻击

2017 年，具有跨国传播特征的 WannaCry 蠕虫病毒在全球范围内大爆发，短时间内，从医疗机构、政府部门、企业到个人用户，数十万台计算机受到影响。该恶意勒索软件通过加密关键数据实施数字勒索，强制要求支付加密货币作为解密条件。此次网络攻击事件暴露出关键行业应急响应机制的严重缺陷，其中，英国国民健康服务体系因医疗系统停摆导致急诊服务中断达 72 小时，造成现代医疗史上前所未有的数字化危机。该事件被列为 21 世纪重大网络安全案例，揭示了全球数字系统脆弱性对国家关键服务保障体系的战略威胁。

2) 光伏发电基础设施受到网络攻击

2023 年，日本某大型光伏电站约 800 台基于 SolarView Compact 系统的远程监控装置遭受恶意代码植入。攻击者利用工控系统已知漏洞 (CVE-2022-29303) 作为攻击载体，通过构建 Mirai 僵尸网络实施加密劫持攻击。攻击者以设备劫持作为虚拟资产勒索工具，未直接破坏物理系统。此次事件虽未触发电力系统功能失效，但暴露了关键信息基础设施的供应链安全缺陷。相关人员表示："此次攻击中，黑客寻找的是可以用来进行敲诈勒索的计算设备。劫持这些设备与劫持工业摄像头、家用路由器或其他联网设备并无二致。但是，如果黑客的目标转向破坏电网，完全可以利用这些未打补丁的设备实施更具破坏性的攻击 (例如中断电网)，对社会生产和生活都会产生很严重的后果。"

1.2.3　数字经济发展

在数字化浪潮的推动下，数字经济已成为全球经济发展的新引擎。数据作为新的生产要素，正以前所未有的速度和规模被创造、积累和应用，为经济增长和社会进步注入了强大动力。然而，数字经济蓬勃发展带来的网络安全问题也日益凸显。

1. 网络安全的经济意义

网络安全的经济意义主要体现在以下三个方面：

(1) 保护企业数据资产。在数字经济时代，数据已成为企业的核心资产，其安全性直接关系到企业的生存和发展。一旦数据泄露或被非法利用，不仅可能导致企业经济损失和声誉损害，还可能对产业链上下游企业造成连锁反应，触发行业危机。因此，加强网络安全防护，确保数据资产的安全性和完整性，是数字经济发展的首要任务。

(2) 维护金融市场秩序。网络安全是维护市场秩序和消费者权益的重要保障。随着数字经济的快速发展，市场博弈趋向复杂，催生出数据垄断、算法合谋等新型违规形态。因此，加强网络安全监管和治理，打击网络金融违法违规行为，维护市场秩序和公平竞争环境，是保障消费者权益和促进数字经济健康发展的必然要求。

(3) 推动企业数字化转型。加强网络安全建设可以为企业数字化转型提供有力保障，降低数字化转型过程中的安全风险，推动数字经济的高质量发展。

2. 网络安全案例

1) 山东烟台黑客犯罪团伙攻击事件

2023 年，山东烟台网安部门打掉一个有组织牟取非法利益的黑客犯罪团伙。该团伙自 2021 年以来，通过网络渗透等攻击手段连续作案 300 余起，受害网站遍布国内十余省市地区。该案涉案金额巨大，涉案金额超过 30 余亿元人民币，对国家造成了严重的经济损失。

2) 美国克罗诺斯 (Kronos) 公司私有云平台攻击事件

2022 年 1 月，Kronos 私有云服务集群遭受勒索软件定向攻击，触发薪酬管理系统级联故障，影响覆盖超百万用户。攻击者利用零日漏洞实施数据加密劫持，迫使企业启用应急人工核算机制。该案例揭示了第三方服务商安全漏洞对经济社会运行的传导性威胁。

1.2.4　个人隐私保护

网络安全不仅是企业和政府的关注重点，也是每个人都需要关注的重要议题。随着网络应用的普及，个人在网络空间中留下了大量信息，这些数据一旦被不法分子获取和利用，会对个人隐私造成严重威胁。同时，网络诈骗、钓鱼攻击和恶意软件等安全隐患，不仅可能导致个人数据外泄，还可能被用于造谣诽谤、金融欺诈等违法活动，损害个人声誉，甚至造成经济损失。因此，掌握基本的网络安全防护知识，采取必要的防护措施，对保护个人信息安全、维护个人利益至关重要。只有确保个人信息不被非法获取和滥用，才能保障网络社交、金融交易等活动的安全性。

1. 网络安全的个人隐私保护意义

网络安全对个人隐私保护具有多维度的重要意义，主要体现在以下几方面：在隐私保护层面，网络安全措施能够有效保护用户的个人信息不被非法收集、使用或泄露，确保个人对自身数据的控制权，防止隐私信息的滥用；在金融安全方面，健全的网络安全体系能够保障在线支付、转账等金融交易的安全性，防范各类网络金融诈骗和欺诈行为，维护用户的财产安全；在言论监管方面，网络安全建立合理的监管机制，保障公民的网络言论自由，防止虚假信息传播和网络暴力，维护健康的网络舆论环境；在未成年人保护方面，网络安全措施能够有效过滤不良信息，为青少年营造安全的网络空间，保护其身心健康发展；在消费者权益保护方面，网络安全机制能够有效打击网络假冒伪劣商品，防范网络购物诈骗，维护消费者的合法权益。

2. 网络安全案例

1) 社交媒体账号被盗用

某用户的社交媒体账号遭遇黑客攻击，犯罪分子利用其账号发布不实信息并向其好友发送欺诈信息。这不仅导致该用户的社交声誉受到损害，还因其好友遭受经济损失而深感自责。该案例充分表明，加强个人账号安全管理和完善平台安全机制的重要性。

2) 网络购物信息泄露事件

某消费者在进行网络购物时，因安全防护意识不足导致个人信息和信用卡数据外泄。随后，其信用卡被用于非法交易，造成直接经济损失。这一事件警示我们，在进行网络交易时，必须确认网站安全性和采用可靠的支付方式。

3) Facebook 用户数据泄露

2018 年 3 月，媒体曝光 Facebook 上约 8700 万用户的个人数据被非法获取和滥用。该事件不仅使 Facebook 面临巨额罚款和品牌信任危机，还引发了公众对其数据管理模式的质疑，促使监管机构加强了对互联网企业的审查。

1.3　网络安全法律法规与素养

1.3.1　网络安全立法的意义

自 2016 年起，我国陆续颁布《网络安全法》《中华人民共和国数据安全法》（以下简称《数据安全法》）、《中华人民共和国个人信息保护法》（以下简称《个人信息保护法》）等法律法规，标志着我国网络安全治理迈入法治化、规范化新阶段。

习近平总书记就网络法治建设作出系列重要指示，强调"要坚持依法治网、依法办网、依法上网"，为网络空间治理提供了根本遵循。2023 年 3 月，国务院新闻办公室发布《新时代的中国网络法治建设》白皮书，全面介绍我国网络法治建设成就，为全球互联网治理贡献中国智慧。

网络安全立法的意义重大，主要体现在以下四个方面：

(1) 打击网络犯罪：通过制定和完善相关法律法规，严厉打击黑客攻击、计算机欺诈、网络诈骗等网络犯罪行为，维护网络安全和公共利益。

(2) 明确网络安全管理与责任：建立健全网络安全管理体系，明确网络运营商、服务提供商、用户等各方在网络安全方面的责任和义务。

(3) 制定信息安全标准和认证机制：制定并推广信息安全标准，确保网络系统和设备的安全；建立信息安全认证机制，督促企业和组织落实安全措施。

(4) 加强国际合作与法律互助：通过签订和执行国际协议、分享情报、提供法律援助等方式，加强我国与其他国家的合作，共同应对跨境网络威胁。

1.3.2　网络安全立法的必要性

从国家主权和安全的角度来看，网络空间已成为国家主权的新领域。随着信息技术在军事、政治、经济等关键领域的广泛应用，关键信息基础设施和重要数据资源等都面临着来自境内外的网络攻击威胁。网络安全立法能够明确国家在网络空间的主权，为维护国家安全提供法律依据和保障。

从社会公共利益的角度来看，网络的普及使得交通、能源、医疗等公共服务高度依赖网络运行。网络一旦遭受攻击，将严重影响社会正常运转，甚至危及公众生命财产安全。网络安全立法可以规范相关主体的网络安全责任，保障社会公共服务的稳定与安全。

从公民个人权利的角度来看，网络的发展带来了个人信息泄露、网络诈骗、网络暴力等问题，许多公民因个人信息被非法获取而遭受骚扰或财产损失。网络安全立法能够确立个人信息保护的规则，明确网络服务提供者的责任，为公民的合法权益提供法律支撑。

从经济发展的角度来看，网络已成为经济活动的重要平台。网络安全问题可能使企业商业秘密泄露、业务中断等风险，影响市场信心和经济发展。网络安全立法有利于营造安全可靠的网络营商环境，推动数字经济的健康发展。

从国际交流与合作的角度来看，在全球化的今天，各国在网络安全领域的合作日益密切。完善的网络安全立法有助于与国际规则接轨，提升我国在国际网络空间治理中的地位和话语权，加强与其他国家的合作，共同应对网络安全挑战。

1.3.3　法律法规与标准的发展

党中央高度重视网络安全和数据安全工作，在不同历史阶段作出系统性战略部署：2014 年将网络安全提升至国家安全战略高度，确立"安全与发展并重"的治理原则；2018 年提出"动态防御、主动防护"的网络基础设施安全范式；2022 年将数据安全纳入基础制度体系建设框架，强化数据资源保护；2023 年进一步部署"五位一体"发展路径，涵盖技术防护、法治保障、人才支撑、国际合作等维度。我国网络安全和数据安全立法历程如图 1-1 所示。

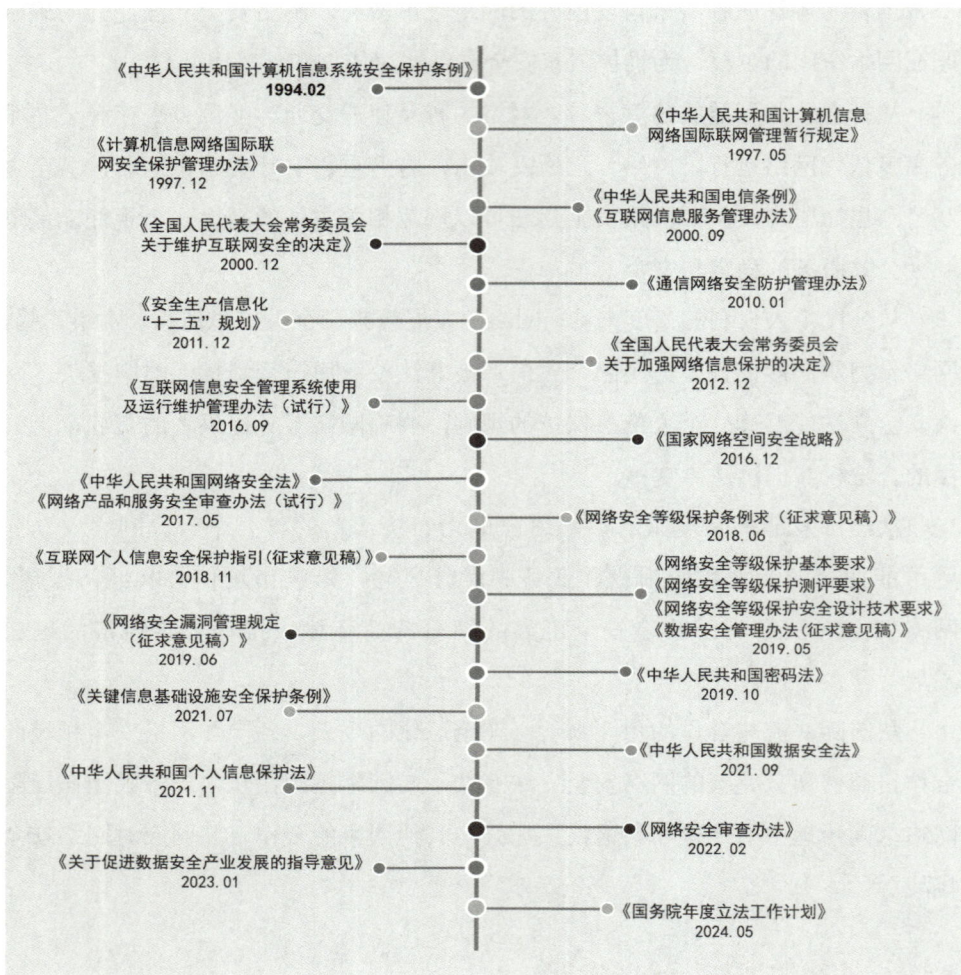

图 1-1 我国网络安全和数据安全立法历程

(1) 初步探索阶段 (1994—2000 年)：1994 年 2 月《中华人民共和国计算机信息系统安全保护条例》发布，这是我国较早针对计算机信息系统安全的法规，标志着我国开始重视网络安全领域的规范管理，将互联网作为新兴信息技术进行初步规制；1997 年 5 月《中华人民共和国计算机信息网络国际联网管理暂行规定》出台，同年 12 月《计算机信息网络国际联网安全保护管理办法》发布，规范计算机信息网络国际联网活动，加强安全保护；2000 年 9 月《中华人民共和国电信条例》《互联网信息服务管理办法》发布，各部门开始重视网络信息治理，同年 12 月《全国人民代表大会常务委员会关于维护互联网安全的决定》强调维护互联网安全，打击网络犯罪等行为。

(2) 发展完善阶段 (2000—2016 年)：2010 年 1 月《通信网络安全防护管理办法》发布，加强通信网络安全防护工作；2011 年 12 月《安全生产信息化"十二五"规划》发布，其中涉及安全生产领域信息化及相关安全问题。2012 年 12 月《全国人民代表大会常务委员会关于加强网络信息保护的决定》出台，强调保护公民个人及法人的网络信息安全；2016 年 9 月《互联网信息安全管理系统使用及运行维护管理办法 (试行)》发布，以规范相关系统管理；同年 12 月《国家网络空间安全战略》发布，从战略层面规划网络空间安全。

(3) 关键立法阶段 (2016—2021 年)：2016 年 11 月通过的《网络安全法》是我国网络安全领域基础性法律，确立网络产品和服务、网络运行、关键信息基础设施等安全制度，明确各方在网络安全保护中的权利义务；2017—2019 年，围绕《网络安全法》出台了系列配套规定，如《网络产品和服务安全审查办法 (试行)》《网络安全漏洞管理规定 (征求意见稿)》等，进一步完善网络安全审查、漏洞管理等制度；2021 年 6 月 10 日通过的《数据安全法》是数据领域基础性法律，规范数据处理活动，保障数据安全，促进数据开发利用，维护国家主权、安全和发展利益；2021 年 8 月 20 日通过的《个人信息保护法》，聚焦个人信息权益保护，规范处理活动，促进合理利用。

(4) 持续深化阶段 (2021 年后)：2021 年 7 月《关键信息基础设施安全保护条例》发布，加强关键信息基础设施安全保护；2021 年起施行的《中华人民共和国密码法》(以下简称《密码法》) 强调规范密码应用与管理；2022 年 2 月《网络安全审查办法》颁布，进一步完善网络安全审查工作机制；2023 年 1 月《关于促进数据安全产业发展的指导意见》颁布，进一步促进数据安全产业发展；2024 年 5 月《国务院年度立法工作计划》公布，对网络安全和数据安全相关立法工作进行了规划部署，持续推进相关法律体系的完善。

我国网络安全和数据安全立法从早期针对计算机信息系统和网络互联的简单规范，逐步发展到涵盖网络空间战略、网络运行安全、数据安全、个人信息保护等全方位、多层次的法律体系，不断适应网络技术发展和安全保障需求。

1.3.4　提升网络法治意识与素养

当前，网络空间的法律治理面临着诸多挑战。提升网络法治意识与素养，不仅需要政府和企业积极行动，更离不开社会各界和公众的共同参与。

1. 网络法治意识的重要性

网络法治意识是指个人和组织在使用互联网过程中，自觉遵守法律法规、维护网络秩序、保护个人和他人合法权益的意识和观念。提升个人和组织的网络法治意识，对于构建健康、和谐、有序的网络空间具有重要意义，具体体现在以下三个方面：

(1) 维护网络安全。增强网络法治意识有助于人们自觉遵守网络安全规定，防范网络攻击、网络诈骗等违法行为，确保网络基础设施的安全稳定运行。

(2) 保护个人权益。在网络空间中，个人信息和数据安全面临诸多威胁，提升网络法治意识有助于个人和组织更好地保护自身合法权益，避免信息泄露和滥用。

(3) 促进网络文明。网络法治意识的提升有助于推动网络文明建设，倡导诚信、友善、理性的网络行为，营造积极向上的网络文化氛围。

2. 如何提升网络法治素养

网络法治素养是指个人和组织在具备网络法治意识的基础上，能够运用法律知识解决实际问题、维护自身权益的能力。提升网络法治素养，可以从以下几个方面入手：

(1) 加强法律学习。学习并掌握网络安全、数据保护等相关法律法规，了解法律条款和适用范围，提高运用法律知识解决实际问题的能力。

(2) 增强法律意识。在使用互联网的过程中，自觉遵守法律法规，不发布、传播违法信息，不参与网络攻击、网络诈骗等违法行为。

(3) 提高自我保护能力。学会保护个人信息和数据安全，不随意泄露个人信息，不轻易点击不明链接或下载不明文件，避免信息被窃取和滥用。

(4) 参与网络监督。积极举报违法信息和行为，为构建健康、和谐、有序的网络空间贡献力量。

3. 提升网络法治意识与素养的途径

个人和组织可以通过以下途径提升网络法治意识与素养：

(1) 学校教育。学校应将网络安全教育和法治教育纳入课程体系，培养学生的法律素养和自我保护能力。

(2) 社会宣传。通过媒体、网络等渠道加强网络法治宣传，普及网络安全知识，提高公众对网络法治的认识和重视程度。

(3) 企业培训。企业应加强对员工的网络安全和法治培训，提高员工的法律意识和自我保护能力，确保企业信息安全和合规经营。

(4) 国际合作。参与国际网络安全合作机制，共同研究和应对网络犯罪，共享网络安全信息，协同推进全球网络法治建设。

(5) 法律实践。鼓励个人和组织积极参与网络法治实践，通过法律途径解决网络纠纷和违法行为，推动网络空间法治化进程；举办网络安全和法治相关的模拟法庭、案例分析竞赛等活动，让参与者在实践中学习如何运用法律知识解决实际问题。如"2022 全国互联网法律法规知识云大赛"活动吸引了超过220 万人参与，通过知识问答竞赛的形式，将法律法规的精髓内容以通俗易懂的形式进行普及。

总之，提升个人和组织的网络法治意识与素养是构建法治社会、维护网络安全和数据安全的必然要求。这是一个长期的过程，离不开政府的引导、企业的支持和公众的参与。通过全方位、多层次的教育与实践，加强法律法规的宣传与执行，并借助国际合作增强网络法治力量，可以有效维护网络安全，促进网络空间的和谐发展。

1.4 新技术在网络安全中的应用

1.4.1 大数据

大数据技术通过对海量数据的采集、存储、分析和处理，为网络安全提供了高效的解决方案。大数据技术在网络安全中的应用主要体现在以下七个方面：

(1) 网络攻击检测和预防。大数据技术能够对海量网络安全数据（如网络流量、日志、漏洞扫描结果等）进行深度分析，从中识别异常行为模式、恶意软件的传播路径以及潜在的安全威胁，从而实现对网络攻击的精准检测和预防。

(2) 安全事件响应和调查。在安全事件发生后，大数据技术能够快速收集、存储和分析相关数据，帮助安全团队全面了解事件全貌、攻击来源及影响范围，从而加速事件响应，明确攻击路径和方法，并采取有效的修复和防范措施。

(3) 用户行为分析和身份认证。通过对用户行为数据的分析，大数据技术可以识别出异常行为模式，检测出潜在的欺诈或未经授权的访问，同时结合身份认证技术，可以显著提升用户身份验证的准确性和安全性。

(4) 漏洞管理和补丁评估。大数据技术能够对大量设备和系统的漏洞数据以及补丁安装情况进行分析，及时发现潜在的安全漏洞，并提供针对性的补丁管理建议，从而降低安全风险。

(5) 网络安全态势感知。大数据技术可以整合多个数据源的信息，形成网络安全态势的整体视图。这有助于安全管理员了解网络安全的总体状况，发现潜在的安全风险和趋势，并制定相应的安全策略和措施。

(6) 智能防火墙和入侵检测系统。利用大数据的分析能力，可以对防火和入侵检测系统的规则和数据进行深度学习和分析，提高其准确性和智能性。智能防火墙和入侵检测系统可以更好地识别和应对新型的网络攻击。

(7) 合规性和风险管理。通过对大量数据的分析，可以评估企业的安全状况，发现潜在的合规风险，并提出相应的改进措施，帮助企业遵守各种安全法规和标准，如 PCI DSS、GDPR 等。

1.4.2　云计算

云计算作为近年来最重要的技术发展趋势之一，深刻改变了数据存储、应用程序运行以及服务使用的方式。然而，随着云计算的普及，云安全问题也日益凸显。云安全在网络安全领域的应用主要体现在以下三个方面：

(1) 安全即服务 (Security-as-a-Service, SaaS)。云安全服务以 SaaS 模式提供，企业可以按需购买和使用安全服务，无需自建和维护复杂的安全系统。这种模式不仅降低了企业的安全成本，还显著提升了安全管理的效率和灵活性。

(2) 云原生安全技术。容器安全、K8S 集群安全、服务网格等云原生安全技术的应用，能够更好地适应云环境的动态性和复杂性，为用户提供更加精细和高效的安全防护，从而满足云计算环境下的独特安全需求。

(3) 云安全网关。云安全网关是一种基于云的网络安全解决方案，位于用户与网络资源之间，负责检查并保护所有进出网络的流量。通过数据加密、身份认证、威胁检测和响应、安全审计等手段，云安全网关为用户提供了高效、灵活且可扩展的安全保护，能够有效地应对日益复杂的网络安全威胁。

1.4.3　物联网

物联网是指通过信息传感设备，按约定的协议，将物体和网络相连接，利用信息传播媒介实现物体之间的信息交换和通信，实现智能化识别、定位、跟踪和监管等功能。物联网的应用架构通常包括感知层、网络传输层和应用层三个关键层。物联网具有普通对象设备化、自治终端互联化和普适服务智能化三个重要特征。物联网技术发展在网络安全领域的应用主要体现以下三个方面：

(1) 自动驾驶安全。自动驾驶汽车是物联网技术在汽车领域的重要应用之一。这些车辆配备了多种传感器 (如雷达、激光雷达、摄像头等) 和先进的计算平台，能够实时感知周围环境并作出决策。物联网技术使得这些传感器和计算平台能够高效协同工作，确保车辆在复杂道路环境中的安全行驶。

(2) 智能家居安全。智能家居系统通过物联网技术将各种家电设备连接起来，实现远程控制和智能化管理。然而，这也带来了安全隐患，如黑客可能通过入侵智能家居系统来控制家中的摄像头、门锁等设备，窃取隐私或进行破坏。一般可以通过采用加密通信、身份认证、访问控制等技术手段来确保智能家居系统的安全性。例如，使用强密码和多因素认证来保护智能家居设备的访问权限，并通过加密技术确保设备间通信数据的安全性和完整性。

(3) 工业物联网安全。工业物联网 (IIoT) 通过物联网技术将工业设备、生产线、供应链等连接起来，实现智能化管理和优化生产流程，提高生产效率并降低运营成本。然而，由于工业物联网系统涉及大量敏感数据和关键基础设施，一旦遭受攻击，后果将十分严重。在工业物联网系统中一般会实施严格的安全策略，包括设备身份认证、数据加密、访问控制、安全审计等。

1.4.4　人工智能

人工智能 (Artificial Intelligence，AI) 是一种让计算机模拟人类智能的技术，涵盖机器学习、自然语言处理、计算机视觉、智能语音等多个领域，旨在使计算机能够理解、学习、生成和执行人类的思维和行为。人工智能安全主要涉及以下三个方面的内容：

(1) 威胁检测与响应。AI 可以大幅度提高网络安全事件的检测速度和准确性。通过不断学习网络行为模式，AI 能够识别出异常行为，及时发现潜在的威胁。此外，它还能自动对安全事件作出响应，如隔离受感染的系统，自动修补漏洞，减轻甚至阻止安全事件的发生等。

(2) 网络防御机制强化。AI 对于加强现有的网络防御机制具有重要意义。它能够在现有的防火墙、IDS、IPS 等基础上添加一层智能化的保护。例如，通过智能化分析用户行为，AI 可以有效识别并阻止基于身份的攻击，如钓鱼攻击等。

(3) 数据泄露防护与隐私保护。AI 在保护敏感数据和用户隐私方面也发挥着关键作用。通过智能识别和分类数据，AI 能够确保只有经过授权的用户才能访问特定数据，有效防止数据泄露。同时，AI 还能够监控和管理数据访问行为，进一步提高数据安全性和隐私保护。

1.5　网络安全人才培养

网络安全人才培养是指通过系统地教育和训练，提升个体在网络安全领域的知识与技能，以满足信息时代对网络安全专业技术人才的需求。

1.5.1　人才培养的必要性

随着网络技术的快速发展和网络攻击手段的不断升级，我国对网络安全人才的需求急剧增长。培养足够的专业人才，建立稳固的网络安全防线，是保护数据安全和维护网络稳定的关键。因此，有针对性地培养网络安全人才，对于构筑国家网络安全屏障具有重要意义。

1.5.2　人才培养的目标和方向

1. 人才培养的目标

网络安全人才培养应该围绕专业知识和实际操作能力两个方面展开。网络安全人才不仅需要掌握网络安全的基本理论，还应掌握网络攻防技术、数据加密、风险评估、法律法规以及事故响应等实践技能，具体包括以下五个方面：

(1) 技术深度与广度：培养学员扎实的网络安全基础知识，包括但不限于密码学、网络协议、漏洞分析与防范、安全编程等，同时应拓展其在计算机科学其他领域的知识。

(2) 实践能力：强调实际操作与解决问题的能力，通过实验、项目等实践活动提升学员在实际网络环境中应对安全挑战的能力。

(3) 创新与研究：鼓励学员参与安全技术的研究与创新，培养其发现安全问题并提出解决方案的能力，推动学科的进步。

(4) 国际视野与合作：开设国际化课程、合作项目或参与国际安全竞赛，培养学员具备面向全球化安全挑战的视野和合作精神。

(5) 法律与伦理：教育学员遵守法律法规、尊重伦理规范，培养专业道德和责任感，使其在实践中能够合法合规地进行安全工作。

2. 人才培养的方向

常见的网络安全人才培养方向涵盖操作系统安全、网络架构、应用程序安全、最新的安全威胁与防护措施、云安全、物联网安全和人工智能等相关内容。

1.5.3   人才培养方式

1. 创新培养模式

为满足网络安全人才培养的需求，教育机构应积极探索创新教学模式，如企业实习、项目驱动学习、在线课程和模拟战场等，帮助学员在真实或接近真实的环境中学习和锻炼技能，从而提升其实践能力和应对复杂安全挑战的水平。

2. 建设专业的师资队伍

师资队伍的质量是提升网络安全教育水平的关键。教育机构应积极聘请具有丰富实战经验的专业人士担任教师，他们的实践经验能够为学员提供宝贵的指导，帮助学员更好地掌握实际技能。

3. 推动产教融合

通过校企资源共享和课程优化，结合企业的人才需求目标，有利于培养出高素质、应用型人才，以适应市场变化。同时，网络安全企业与高校可在科研项目上展开合作，共同攻克技术难题，实现成果转化，促进教育与产业的双向融合。这不仅有利于经济社会发展，还能提升教育的针对性和实用性。

4. 加强资格认证与继续教育

企业应鼓励员工参加 CISSP、CISM、CEH 等国际认证考试，以提升个人技能和企业信誉。此外，与相关教育机构合作开展继续教育和专业培训课程，能够帮助员工扩展知识面并持续提升其专业能力。

5. 拓宽国际化视野

网络安全是全球性的课题，培养具有国际化视野的网络安全人才至关重要。通过提升外语能力、参与国际合作项目以及研究国际网络安全趋势，学员能够更好地应对全球化安全挑战，为国家网络安全事业贡献力量。

总之，网络安全人才培养需要构建一个多维度、多渠道合作的完整生态系统。在高等教育、职业技能提升、行业认证以及国际交流等多个层面积极探索和实践，以应对不断变化的网络安全挑战。通过以实践和创新为导向的教育方式，为社会培养出既有深厚理论基础又有丰富实践经验的网络安全专业人才。

第2章　网络安全体系与技术综述

本章通过对网络安全模型、框架、架构和技术的综述，帮助读者搞懂网络基础逻辑，理解网络安全模型的基本概念，熟悉常见的网络安全模型的特点和应用场景，深入了解网络安全框架的设计原则和实践操作，掌握网络安全架构的搭建方法和各类网络安全技术。

2.1　网络安全模型

2.1.1　基本概念

网络安全模型是用于描述和分析网络安全问题的理论模型，能够帮助人们理解网络安全的本质、识别安全威胁、合理制定安全策略以及有效设计安全措施。在网络安全模型中，包含对安全目标、攻击手段、防御机制等方面的描述和定义。网络安全模型主要包括以下几个方面。

1. 安全属性

安全属性 (Security Attribute) 是指网络系统中需要保护的各种资源和信息，如数据、用户身份、系统配置等。安全属性通常包括机密性、完整性、可用性等。

2. 威胁模型

威胁模型 (Threat Model) 用于描述网络系统面临的威胁类型和攻击手段。威胁模型可以帮助网络安全专业人员、系统架构师、软件开发者以及任何需要评估和提高系统安全性的人员充分识别潜在的安全风险，为有效制定防御策略提供依据。

3. 攻击者模型

攻击者模型 (Adversary Model) 描述可能对网络系统发起攻击的各种攻击者的类型及其攻击能力。攻击者模型可以帮助用户评估安全威胁的严重程度，并采取相应的防御措施。

4. 防御模型

防御模型 (Defense Model) 描述用于保护网络系统的各种安全机制和防御策略。防御模型可以帮助用户选择合适的安全措施，评估其效果和成本。

在网络安全模型中，通常会通过建立各种关系和规则来描述安全属性、威胁模型、攻击者模型和防御模型机制之间的关联，从而全面分析和理解网络安全问题，为网络安全的实践提供理论指导。

2.1.2　常见模型介绍

1. PDR 模型

1) PDR 模型介绍

PDR 模型是由原美国国际互联网安全系统公司 (ISS) 提出的自适应网络安全模型 (Adaptive Network Security Model，ANSM) 的一个组成部分，是一个可量化、可数学证明、基于时间的安全模型。PDR 模型是最早体现主动防御思想的一种网络安全模型，包括三个环节：保护 (Protection)、检测 (Detection) 和响应 (Response)。PDR 模型如图 2-1 所示。

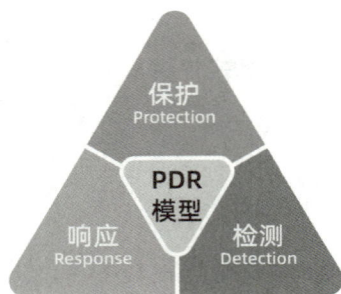

图 2-1　PDR 模型

(1) 保护：采用一系列手段 (如识别、认证、授权、访问控制、数据加密等) 来保障数据的保密性、完整性、可用性、可控性和不可否认性等。保护通常所采用的技术及方法涵盖了加密、认证、访问控制、防火墙以及防病毒等。

(2) 检测：涵盖入侵检测、漏洞检测和网络扫描等技术，通过使用各种工具来识别和评估系统中可能存在的安全漏洞和脆弱性 (这些漏洞和脆弱性可能会被黑客利用发起攻击或导致病毒的传播)。这一环节的作用在于对网络和系统的安全状态予以评估，从而为安全防护和安全响应提供依据。

(3) 响应：在安全模型中占有重要地位，是解决安全问题的最有效办法。响应环节在于对危及安全的事件、行为、过程及时作出响应处置，避免危害的进一步扩散，力求将安全事件的影响降到最低。解决安全问题就是解决紧急响应和处理异常问题，因而建立应急响应机制，形成快速安全响应的能力，对网络和系统非常关键。

2) PDR 模型应用场景

以某大型银行为例，为加强网络安全防护，银行采用 PDR 模型来保护客户的敏感信息。在保护环节，银行在实施强密码策略、多因素认证和数据加密的同时部署防火墙等技术，确保所有交易数据在传输过程中使用 SSL/TLS 加密，保障了数据的保密性和完整性。在检测环节，银行通过部署高级入侵检测系统和实时监控工具，实现及时发现并报告异常行为和潜在威胁，并通过定期的漏洞扫描和人工渗透来识别系统存在的漏洞。在响应环节，银行建立了应急响应团队，一旦发生安全事件，便能够迅速采取行动，隔离受感染的系统并进行整改修复，且配以详细的应急响应计划，可确保在安全事件发生时银行能够迅速有效应对。通过这三个环节的紧密配合，构建了一套全面的网络安全防护体系，主动发现、预防并应对网络安全威胁，确保网络、系统及信息的安全。

2. PDRR 模型

1) PDRR 模型介绍

PDRR 模型是一个常用的网络安全模型，包含保护 (Protection)、检测 (Detection)、响应 (Response) 和恢复 (Recovery) 四个主要阶段。这个模型旨在描述网络安全防御体系的主体架构，并通过这四个阶段来降低网络因遭受攻击所带来的风险，保护网络和系统的安全。PDRR 模型如图 2-2 所示。

图 2-2　PDRR 模型

(1) 保护。该阶段的主要内容是采取各种措施来保护系统和网络的安全性，包括建立合适的安全策略和规则、实施访问控制、加密和身份认证等措施，以及定期更新和升级安全软件和硬件设备等，预防安全事件的发生。技术应用包括加密机制、数字签名机制、访问控制机制、身份认证、信息隐藏、防火墙技术等。

(2) 检测。在防护机制无法完全阻止所有攻击的情况下，检测阶段就显得尤为重要。这个阶段的主要任务是监控和识别网络中可能存在的异常行为和威胁，如入侵检测、系统脆弱性检测、数据完整性检测、攻击性检测等。技术应用包括入侵检测系统、安全信息和事件管理工具、漏洞扫描工具等。

(3) 响应。该阶段的主要内容是一旦检测到异常或威胁，迅速作出响应，以遏制攻击的进一步发展并减轻其带来的不良影响，包括实施紧急响应措施、隔离受感染的系统和网络、收集证据、恢复数据等。技术应用包括应急响应计划、安全事件管理流程、入侵响应团队等。

(4) 恢复。该阶段的主要内容是在攻击被成功阻止或系统遭受破坏后，采用一系列措施尽快恢复系统的正常功能，确保业务能够继续运行，包括数据备份、数据恢复、系统恢复等措施。技术应用包括数据备份和恢复工具、灾难恢复计划、系统恢复流程等。

2) PDRR 模型应用场景

以某知名电子商务平台为例，为了保障用户数据和交易信息安全，使用 PDRR 模型构建平台网络安全防御体系。在防护阶段，平台利用身份认证、访问控制、防火墙和 Web 应用防火墙等技术来保护用户信息，防止网络攻击。在检测阶段，平台借助安全日志和事件管理工具进行日志分析和威胁检测，同时部署入侵检测系统和漏洞扫描工具来监控潜在的安全威胁。一旦检测到异常活动，平台迅速进入响应阶段，启动应急响应措施，通知相关人员并采取隔离措施，由专门的安全事件响应团队负责处理。在恢复阶段，平台通过定期数据备份和灾难恢复计划，确保在安全事件发生后能迅速恢复系统和数据，保障业务的连续性。

PDRR 模型的四个阶段相互关联，形成了一个闭环式的信息安全管理流程，提高了网络安全防护的全面性，加强了对安全威胁的应对能力和系统的恢复力，被广泛应用于组织和企业的网络安全管理中，以优化信息安全策略，提升网络安全水平。

3. PADIMEE 模型

1) PADIMEE 模型介绍

PADIMEE(信息系统安全生命周期) 模型是一个全面且实用的工程安全模型，特别是在网络安全领域，为网络安全工作的组织和实施提供了一个系统的指导框架，如图 2-3 所示。

图 2-3　PADIMEE 模型

PADIMEE 模型包括以下七个主要部分：

(1) 安全策略 (Policy)：模型的核心部分，反映了组织的总体网络安全需求。安全策略为组织提供了一个明确的指导方针，帮助组织在网络安全方面作出明智的决策。

(2) 风险评估 (Assessment)：识别和分析网络安全风险的关键步骤。通过风险评估，组织可以了解自身的安全状况，发现潜在的安全漏洞和威胁，从而制定出更有效的安全措施。

(3) 设计方案 (Design)：在设计新系统或新项目方案时，应充分考虑网络安全需求。特别是在设计和开发阶段就应将网络安全作为重要考虑因素，以确保系统从设计之初就具有强大的安全防护能力。

(4) 执行实施 (Implementation)：将设计方案转化为实际运行系统的过程。在这个阶段，应确保所有安全特性和措施都得到了正确的实现，并且系统能够按照预期运行。

(5) 安全管理 (Management)：网络安全实现的重要环节，包括制定和执行安全政策、监控网络活动、检测潜在威胁以及采取必要的响应措施等。通过有效的管理和监控，可以确保系统的持续安全稳定运行。

(6) 紧急响应 (Emergency Response)：网络安全的最后一道防线。当发生安全事件时，组织需要迅速采取有效的响应措施以减轻损失，包括进行详细的调查、分析攻击者的动机和手段、为后续的预防措施提供参考等。

(7) 安全教育 (Education)：贯穿整个信息系统安全生命周期的工作。通过对企业决策层、技术管理层、分析设计人员、工作执行人员等所有相关人员进行安全教育，可以提高他们的安全意识和技能水平，使他们能够更好地理解和执行安全策略。

2) PADIMEE 模型应用场景

以某政府机构为例，其运用 PADIMEE 模型目的在于全面加强信息系统和数据的安全管理。首先，制定严格的信息安全政策，涵盖数据保护、访问控制和应急响应等方面，并建立信息安全委员会监督政策的执行情况；其次，定期进行安全评估和聘请第三方安全公司独立进行评估，以识别系统潜在的漏洞和风险。在新系统的设计阶段，采取以下措施确保安全特性的集成和安全需求的考虑：

(1) 采用软件安全开发生命周期 (SDL) 方法，从设计初期就融入安全考虑。

(2) 确保所有安全特性都经过严格的审查和测试，以符合安全政策的要求。

在执行实施阶段，采取以下措施来保障安全措施的正确实施：

(1) 进行全面的安全测试，确保所有安全控制措施都能按照预期工作。

(2) 使用自动化部署工具，以确保安全配置在整个系统中保持一致性和准确性。

在安全管理阶段，实施以下监控和响应措施：

(1) 利用先进的监控工具实时跟踪网络活动，以便快速识别异常行为。

(2) 建立一个安全运营中心 (SOC)，由专业人员全天候监控和管理网络安全事件，确保能够及时响应各类安全威胁。

(3) 建立紧急响应机制，定期进行应急演练，确保应急响应团队能够在真实事件发生时迅速有效地行动。另外，还可以定期对员工进行安全意识和技能培训，开展信息安全宣传活动，提高全体员工对网络安全重要性的认知。

PADIMEE 模型强调在系统设计的前期就要考量网络安全需求的介入，这样能够确保网络安全工作与业务需求保持一致，提高系统的安全性。同时，通过管理和监控环节能够保证既定的网络安全目标得以实现。

4. WPDRRC 模型

1) WPDRRC 模型介绍

WPDRRC 模型是由我国"八六三"计划信息安全技术主题专家组提出的适合中国国情的信息系统安全保障体系建设模型。这个模型在 PDRR 模型的基础上，增加了预警 (Warning) 和反击 (Counterattack) 两个环节，目的是能够更好地应对日益复杂的信息安全威胁。WPDRRC 模型如图 2-4 所示。

图 2-4　WPDRRC 模型

WPDRRC模型具有六大环节和三大要素。六大环节包括预警、防护、检测、响应、恢复和反击，它们具有较强的时序性和动态性，能够较好地反映出信息系统安全保障体系的预警能力、保护能力、检测能力、响应能力、恢复能力和反击能力。这六大环节构成了一个完整的闭环，从预防到应对再到恢复，形成了一套全面的信息安全防护体系。三大要素包括人员、策略和技术。其中，人员是核心，因为任何安全策略和技术的实施都离不开人员的操作和管理；策略是桥梁，它连接了人员和技术，为人员提供了明确的指导和方向；技术是保证，它提供了实现安全策略所需的各种工具和方法。这三大要素在WPDRRC模型的六大环节中都有所体现，共同构成了信息安全保障体系的坚实基础。

在应用WPDRRC模型的过程中，需要将安全策略变为安全现实。这需要通过人员、策略和技术三个要素的有机结合来实现。具体来说，就是要通过制定和执行安全策略来指导人员的行为和技术应用；通过培训和教育来提高人员的安全意识和技能水平；通过引进和应用先进的安全技术来增强系统的安全防护能力。

WPDRRC模型的特点在于它全面地涵盖了各个安全因素，突出了人员、策略、管理的重要性，并反映了各个安全组件之间的内在联系。同时，该模型还强调预警和反击在信息安全保障体系中的重要作用，即通过加强预警和反击能力，可以更好地应对各种网络攻击和数据泄露事件的发生。

2) WPDRRC模型应用场景

以某大型制造企业为例，为面对日益复杂的信息安全威胁，企业使用WPDRRC模型来构建其信息安全保障体系，具体内容包括利用威胁情报平台提前发现和预警潜在安全威胁，与行业安全联盟合作共享情报；采用多层次防火墙和入侵防御系统以及数据泄露防护系统保护企业网络，防止敏感数据泄露；部署高级持续威胁检测系统监控网络流量，使用安全信息和事件管理系统进行日志分析和威胁检测；建立快速响应团队和制订详细的安全事件响应计划，确保在安全事件发生时迅速有效应对；制订灾难恢复计划，定期进行数据备份，迅速恢复系统和数据；通过法律和技术手段反击攻击者，与执法机构合作追踪打击网络犯罪。

WPDRRC 模型提供了一个全面、系统、实用的信息安全保障体系，为信息安全工作提供了有力的指导和支持。

5. 等级保护模型

1) 等级保护模型介绍

等级保护模型 (Protection Level Model) 是一种常见的计算机安全模型，用于描述和控制系统中不同对象 (如文件、进程、用户等) 之间的访问权限。该模型将对象和主体分成几个不同的安全等级，描述了它们之间的安全性质和访问控制规则，确保系统中的信息资源得到必要的保护。

等级保护模型由以下六个关键部分组成：

(1) 安全策略：明确系统保护需求和访问控制规则。

(2) 安全域：将信息系统划分为具有不同安全等级的区域。

(3) 安全标识与认证：确保用户身份的真实性。

(4) 访问控制：管理并限制对资源的访问权限。

(5) 安全审计：记录并分析系统操作行为，以便及时发现和响应安全事件。

(6) 安全管理：负责整体管理和维护安全体系。

这六个组成部分协同工作，共同确保信息系统的安全与稳定，能够为信息系统提供全面的安全保障。

等级保护模型的应用范围广泛，包括传统信息系统、基础信息网络、云计算、大数据、物联网、移动互联网和工业控制信息系统等。云计算、物联网等新技术领域，对等级保护模型提出了新的安全扩展要求，以适应新技术的发展和安全风险的变化。

2) 等级保护模型应用场景

为保障客户数据安全，某知名云服务提供商使用等级保护模型来管理其云平台的安全，具体内容包括将系统和数据根据敏感性和重要性划分为不同安全等级，并依照客户需求提供相应等级的安全服务；对各安全等级的安全特性进行定义，涵盖机密性、完整性和可用性，同时运用基于角色的访问控制和数据加密技术保护客户数据；根据用户身份和权限分配访问权限，使用安全日志和事件管理系统进行日志分析与威胁检测，保障数据和系统的安全性。

等级保护模型的运用有助于组织有效管理信息安全风险，确保信息系统和数据的安全性、完整性及可用性，组织通过制定安全策略、实施安全措施、监控检测安全事件，及时响应和恢复，以保护组织的业务运营和声誉。具体实施细节可根据组织需求进行调整，以满足不同情况下的安全需求。

6. 零信任模型

1) 零信任模型介绍

零信任模型 (Zero Trust Model) 属于一种网络安全模型，其核心理念是"从不信任，始终验证"。与传统的基于边界的信任模型不同，零信任模型不再默认信任内部用户和设备，而是始终对所有的用户和设备进行认证和授权，以确保访问的安全性。

零信任模型的工作原理包括以下四个方面：

(1) 身份认证：对所有用户和设备进行身份认证，确保访问者的真实身份。常见的身份验证方法包括密码、多因素身份验证、生物特征识别等。

(2) 访问控制：在身份认证通过后，对用户和设备进行访问控制，只允许其访问所需的资源，而不是无限制地访问整个网络，这通常通过基于角色的访问控制 (RBAC) 或基于属性的访问控制 (ABAC) 来实现。

(3) 实时监测：对所有用户和设备进行实时监测，以检测并防止异常行为或潜在的攻击，这可以通过日志分析、行为分析和其他安全工具来实现。

(4) 风险评估：对所有的用户和设备进行风险评估，根据其安全状态和访问行为进行动态授权。这意味着访问权限可能会根据用户的行为和设备的安全状态进行实时调整。

零信任模型的优势在于其基于最小权限原则，提供了更加精细的访问控制，从而提高了对敏感数据和关键资产的安全保护水平。此外，它还通过持续验证和动态授权，对访问风险进行持续监测和评估，目的是可以更及时地识别风险并进行预防和应对。

2) 零信任模型应用场景

以某跨国公司为例，其为保护移动办公环境安全，采用零信任模型构建网络安全策略，具体内容包括对所有员工实施多因素身份认证，确保访问者的真实身份，使用单点登录系统简化身份验证流程；实施基于角色的访问控制，仅允许员工访问所需资源，并采用动态访问控制根据员工行为和设备安全状态动态调整权限；部署行为分析工具，实时监测员工访问行为以发现异常活动，同时利用安全信息和事件管理系统进行日志分析和威胁检测；动态评估员工和设备风险，进行动态授权，并使用端点检测和响应工具对所有设备持续监控和进行风险评估。

零信任模型作为创新网络安全模型，旨在通过始终进行身份验证和实施最小权限原则来提高网络安全性。

上述介绍的各类网络安全模型，以其独有的特点和优势，通过不同策略和技术手段来应对网络安全威胁，共同构成了多层次、多维度的网络安全防护体系，为组织提供全面的安全保障。

◯— 2.2　网络安全框架

2.2.1　定义和特征

网络安全框架是一个标准，用于建立、实施、维护和持续改进信息安全管理体系，旨在帮助组织确保其信息资产的保密性、完整性和可用性。网络安全框架具有以下五个特征。

1. 综合性

网络安全框架涵盖网络安全领域的各个方面，包括安全政策、风险管理、安全意识培训、技术控制等。它提供了一个全面的视角，帮助组织全面理解和管理网络安全风险。

2. 灵活性

网络安全框架通常具有一定的灵活性，可以根据组织的需求和实际情况进行定制和调整。它可以根据组织所处的行业及其规模、业务特点等因素进行灵活配置，以满足不同的安全需求。

3. 可扩展性

网络安全框架通常具有一定的可扩展性，可以随着组织的发展和业务的增长而扩展和升级。它可以根据网络规模、复杂程度、技术变化等因素进行扩展，以适应不断变化的安全需求。

4. 一致性

网络安全框架通常具有一定的一致性，可以确保安全政策、流程和技术的一致性和统一性。它能够为组织提供一套统一的标准和规范，帮助组织统一管理和执行网络安全措施。

5. 可测量性

网络安全框架通常具有一定的可测量性，可以对安全措施的有效性和效果进行评估和监控。它能够为组织提供一套指标和评估方法，帮助组织评估安全风险、监控安全状态，并及时调整和优化安全措施。

综上所述，网络安全框架是一种重要的组织和管理工具，可以帮助组织建立健全的网络安全体系，提高网络安全的水平和能力。它具有综合性、灵活性、可扩展性、一致性和可测量性等特征，能够为组织提供一个有效的管理和执行网络安全措施的框架和方法。

2.2.2　主流框架介绍

1. 信息安全保障技术框架

美国国家安全局制定的信息安全保障技术框架 (Information Assurance Technology Framework，IATF) 如图 2-5 所示。IATF 旨在为保护美国政府和工业界的信息基础设施提供技术指导。IATF 的编制目的是通过系统化的技术指导和最佳实践，帮助组织提高信息系统的安全性，规范安全管理流程，抵御各种安全威胁，确保信息的机密性、完整性和可用性，并满足法律法规和行业标准的要求。

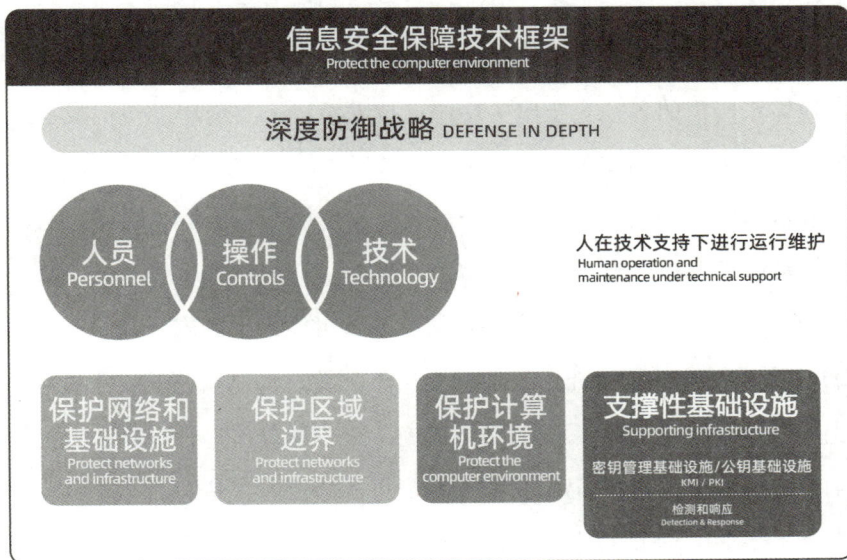

图 2-5　IATF

IATF 的核心理念是"纵深防御"，即通过多层次和纵深的安全措施来保障信息系统的安全。它强调信息系统的安全不能依赖于单一技术或简单的安全防御设施，而应在各个层面和不同技术框架区域内实施综合的保障机制，从而最大限度地降低风险，抵御攻击，确保信息系统的安全。

IATF 的三个核心要素：人、技术和操作，如表 2-1 所示。信息系统的安全保障依赖于这三者的协同作用来实现组织的职能。

表 2-1　IATF 的三个核心要素

核心要素	人	技　术	操　作
具体子项	策略和流量 培训和意识 物理安全 人员安全 系统安全管理设施 措施	信息安全体系框架区域 信息安全准则 （安全、互操作性和公钥基础设施） 已评估产品的采购综合 系统风险评估	风险评估 安全监控 安全审计 告警跟踪 入侵检测 响应恢复

　　人作为信息系统中的主体，既是信息系统的所有者、管理者和用户，也是信息安全保障的核心和第一要素。技术是实现信息安全保障的关键手段。信息安全保障体系所需的各项安全服务均通过技术手段来实现。操作构成了信息系统安全保障的主动防御体系。与单纯依赖技术手段的被动防御不同，操作能够将各类技术手段紧密结合，形成一个系统化、主动的安全管理过程。这个过程包括以下具体步骤和措施：

　　(1) 风险评估：识别、分析和评估信息系统可能面临的安全风险。

　　(2) 安全监控：持续监控系统的安全状态，及时发现和处理安全事件。

　　(3) 安全审计：定期对系统的安全措施、策略和操作进行审查和评估。

　　(4) 告警跟踪：监控和记录安全告警信息，分析潜在威胁。

　　(5) 入侵检测：使用技术手段检测和识别未经授权的访问或恶意活动。

　　(6) 响应恢复：在安全事件发生后，采取必要的响应措施，并进行系统恢复以确保业务连续性。

　　IATF 提供了一个通用框架，用于解构和描述信息系统。从技术层面看，IATF 聚焦于网络和基础设施、区域边界、计算环境、支撑性基础设施四个关键领域。基于这四个领域，并结合 IATF 的纵深防御思想，组织就可以构建信息安全防御框架。

1) 网络和基础设施

网络和基础设施是信息系统和业务的支撑，构成了整个信息系统安全的基础。因此，需要采取措施确保这些基础设施的稳定可靠运行，不会因故障或外部影响导致服务中断或数据延迟，确保传输中的公共或私人信息能被正确接收，防止未经授权的访问和更改。保护网络和基础设施的具体措施包括但不限于：

(1) 合理规划骨干网络以确保其可用性。

(2) 使用安全技术架构，如通过在网络边界部署安全措施来提升防护能力。

(3) 利用冗余设备提高可用性。

(4) 访问控制与身份验证。

2) 区域边界

根据业务、管理方式和安全等级的不同，通常将信息系统划分为多个区域，这些区域通过边界相连接。保护区域边界的重点是有效控制和监视进出区域边界的数据流，具体措施包括但不限于：

(1) 在区域边界设置身份认证和访问控制措施，如通过部署防火墙并结合身份认证机制进行流量过滤。

(2) 部署入侵检测系统以发现针对安全区域内的攻击行为。

(3) 部署防病毒网关以发现并过滤数据中的恶意代码。

(4) 使用 VPN 设备确保安全接入。

(5) 部署抗拒绝服务攻击设备应对拒绝服务攻击。

(6) 采取流量管理和行为监控等其他措施。

3) 计算环境

计算环境包括信息系统中的服务器、客户端及其安装的操作系统和应用软件。保护计算环境通常采用身份验证、访问控制和加密等技术，以确保数据的机密性、完整性、可用性和不可否认性，具体措施包括但不限于：

(1) 安装并使用安全的操作系统和应用软件。

(2) 在服务器上部署主机入侵检测系统、防病毒软件及其他安全防护软件。

(3) 定期进行漏洞扫描或补丁加固，避免系统脆弱性。

(4) 定期进行安全配置检查，确保最优配置。

(5) 建立文件完整性保护机制，以监测和防止文件在未被授权的情况下修改或删除。

(6) 定期备份系统和数据。

4) 支撑性基础设施

支撑性基础设施是提供安全服务的基础设施及相关活动的综合体。IATF定义了两种类型的支撑性基础设施：

(1) 密钥管理基础设施 (KMI)/ 公钥基础设施 (PKI)：提供支持密钥、授权和证书管理的加密基础设施，确保网络服务用户身份的真实性。

(2) 检测与响应：建立全面的入侵检测和响应基础设施，包括入侵检测、事件报告、数据分析、风险评估和响应机制。此基础设施能够迅速识别和应对入侵及异常事件，同时提供系统运行状态的信息。

5) 其他安全原则

除了纵深防御这一核心思想外，IATF 还提出了其他一些信息安全原则，这些原则对于建立信息安全保障体系具有重要意义，具体如下：

(1) 保护多个位置。这一原则强调，不仅要在信息系统的敏感区域设置保护装置，还应在信息系统的各个方面部署全面的防御机制，将风险降至最低。任何一个系统漏洞都可能导致严重的攻击和破坏后果。

(2) 分层防御。这一原则体现了纵深防御思想的具体应用，即在攻击者和目标之间部署多层防御机制。每一层防御都应形成一道屏障，并包括保护和检测措施，使攻击者面临被检测到的风险，从而因高昂的攻击代价而放弃攻击。

(3) 安全强健性。不同信息对组织的价值不同，其丢失或破坏所带来的影响也不同。因此，对每个信息安全组件设置的安全强健性 (即强度和保障)，应取决于被保护信息的价值和所面临的威胁程度。在设计信息安全保障体系时，必须平衡信息价值与安全管理成本。

2. 信息系统安全保障评估框架

1) 相关概念和关系

信息系统是指用于收集、处理、存储、传输、分发和部署信息的完整基础设施，也是一个包括其组织结构、人员、组成部分以及动态交互过程的综合系统。随着社会信息化程度的不断提高，各类信息系统逐渐成为其所属组织机构生存和发展的关键因素，因此，信息系统的安全风险也成为组织整体风险中不可忽视的一部分。在制定信息系统安全保障策略时，不仅要考虑系统自身的技术、业务和管理特性，还必须综合考虑来自内部和外部环境的各种约束条件。

为了确保组织机构能够完成其使命，系统安全管理人员必须识别并应对信息系统面临的各种风险。信息系统的安全风险主要来自于系统内部的漏洞和外部的威胁。

信息系统安全保障是指在系统的整个生命周期内，通过对信息系统的风险进行分析，制定并执行相应的安全保障策略。制定安全保障策略是信息系统安全保障工作的核心。在策略的指导下，设计并实现信息安全保障架构或模型，采取技术和管理等措施，将风险降至预定的可接受水平，从而保障其使命要求。安全保障策略是基于组织对风险、资产和使命的全面理解所制定的指导文件，反映了组织对信息系统安全保障及其目标的理解，并对信息系统安全保障工作起到纲领性的指导作用。

信息系统安全保障工作的基础和前提是风险管理。安全保障策略必须以风险管理为基础，针对可能存在的各种威胁和系统自身的弱点，采取有针对性的防范措施。信息安全并非追求绝对的安全，而是强调风险的可管理性。最适宜的安全保障策略就是最优的风险管理对策，这需要在资源有限的前提下进行最优选择。防范不足会导致直接损失，而防范过多则会造成间接损失。因此，在解决或预防信息安全问题时，需要从经济、技术、管理等方面的可行性和有效性上进行权衡和取舍，以实现安全效用的最优配置。

2) 信息系统安全保障评估

信息系统安全保障评估是在信息系统的生命周期内，根据组织的要求，对信息系统的安全技术控制措施、技术架构能力、安全管理控制和管理能力以及安全工程实施控制措施和工程实施能力进行综合评估，最终得出信息系统安全保障措施在其运行环境中是否符合安全保障要求的结论。

评估是信息系统安全保障的重要概念，系统所有者可以根据评估结果建立其主观的信心。确保安全保障策略能够将风险有效降低至可接受的程度。信息系统安全保障评估不仅针对信息技术系统，还包括与其运行环境相关的人员和管理等领域。由于信息系统安全保障是一个动态持续的过程，涉及信息系统的整个生命周期，因此，评估也需要采用一种动态持续的方式。

信息系统安全保障评估主要包括以下两个方面：

(1) 安全保障控制的符合性评估。在信息系统的运行环境中，评估其安全保障控制是否符合安全保障要求 (即安全目标)，主要涉及技术体系、管理控制和工程实施等方面，包括信息系统保护轮廓 (ISPP) 和信息系统安全目标 (ISST)。ISPP 是从系统所有者的角度，对安全保障需求的规范化描述，评估重点为其是否符合标准化要求，并能够真实反映系统所有者的需求。ISST 是从安全建设方的角度，描述安全保障方案，评估重点为其是否满足 ISPP 的要求，并能够有效保障系统安全。

(2) 信息系统安全保障级 (Information Systems Assurance Level，ISAL) 的评估。信息系统安全保障级是衡量信息系统所提供的各项安全技术、管理和工程保障措施的实施效果、正确性、质量和能力的强度与程度。ISAL 反映了信息系统在其运行环境中，实施信息系统安全保障方案 (即实施信息系统安全目标) 的具体实施情况和实施能力。

3) 信息系统安全保障评估模型

根据国家标准《信息安全技术信息系统安全保障评估框架第 1 部分：简介和一般模型》(GB/T 20274.1—2006)，信息系统安全保障模型包含保障要素、生命周期和安全特征三个方面。其主要特点如下：

(1) 将风险和策略作为信息系统安全保障的基础和核心。

(2) 强调信息系统安全保障的动态安全模型，即强调信息系统安全保障贯穿于整个信息系统生命周期的全过程。

(3) 强调综合保障的观念。信息系统的安全保障是通过综合技术、管理、工程和人员的安全保障要求来实现的，而对这些要求的评估，则可加强信息系统安全保障的信心。

(4) 以风险和策略为基础，在整个信息系统生命周期实施技术、管理、工程和人员保障要素，实现信息安全的保密性、完整性和可用性，从而保障组织机构执行其使命。

在信息系统安全保障评估模型中，强调信息系统所处的运行环境、信息系统生命周期和信息系统安全保障的概念。在进行具体操作时，可根据实际环境和要求，对信息系统生命周期进行改动和细化。在信息系统安全保障模型中，信息系统的生命周期层面和保障要素层面是相互关联、密不可分的。在信息系统生命周期模型中，将信息系统的整个生命周期抽象成计划组织、开发采购、实施交付、运行维护、变更和废弃六个阶段，形成信息系统生命周期完整的闭环结构。在信息系统生命周期的任何阶段，都需要综合考虑信息系统安全保障的技术、管理、工程和人员保障要素。以下是基于信息系统生命周期的信息安全保障模型在不同阶段的详细说明：

(1) 计划组织：根据组织的业务要求、法律法规、系统风险等因素，确定信息系统安全保障建设和使用的需求。在此阶段，信息系统安全策略应列入信息系统建设和使用的决策中，使信息系统的建设和信息系统安全保障的建设同步规划、同步实施。

(2) 开发采购：计划组织阶段的细化和具体体现，主要进行系统安全需求分析、系统安全体系设计以及相关预算申请和项目准备等活动。在此阶段，应综合考虑系统的风险和安全策略，将信息系统安全保障作为一个整体，进行系统的设计和建设，建立信息系统安全保障的整体规划和全局视野。

(3) 实施交付：组织机构通过对承建方的资格认可和人员专业资格认可来

确保施工组织的服务能力；通过信息系统安全保障工程对实施过程进行监理和评估，确保交付系统的安全性。

(4) 运行维护：对信息系统的管理、运行维护和使用人员的能力进行综合保障，确保信息系统的安全正常运行。

(5) 变更：信息系统运行后随着业务和需求的变更、外界环境的变更产生新的要求或增强原有要求，重新进入信息系统组织计划阶段。

(6) 废弃：当信息系统不再满足业务要求时，进入废弃阶段，需要考虑信息安全销毁等要素。

在信息系统生命周期的所有阶段融入信息系统安全保障概念，有利于确保信息系统的持续动态安全保障。其具体内容如下。

(1) 信息安全保障体系。

信息系统安全保障体系涉及信息安全技术、信息安全管理、信息安全工程和信息安全人才等内容。

信息安全技术包括以下几个要素：

① 密码技术：包括数据处理过程的各个环节，如数据加密、密码分析、数字签名、身份识别、秘密分享等，基于以密码学为核心的信息安全理论与技术来保证数据的机密性和完整性。

② 访问控制技术：管理用户的访问权，防止对信息的非授权篡改与滥用，保证用户在系统安全策略下有序工作。

③ 审计和监控技术：通过对访问的跟踪和分析，检测违反安全规则的行为，提供事后分析报告与证据。

④ 网络安全技术：包括网络协议安全、防火墙技术、IDS/IPS、安全管理平台、统一威胁管理等，其目的在于保护网络安全，避免入侵和攻击。

⑤ 操作系统与数据库安全技术：包括身份验证、访问控制、文件系统安全、安全审计等方面，目的是确保操作系统和数据库的安全。

⑥ 安全漏洞与恶意代码：包括安全漏洞的成因、分类、发掘方法及修复，

以及恶意代码的检测与清除。

⑦ 软件安全开发：包括软件安全开发模型、关键阶段的安全控制措施等。

信息安全管理是组织在整体或特定范围内建立信息安全方针和目标，并通过一系列管理活动达成这些目标。风险管理贯穿于整个信息系统生命周期，包括对象确立、风险评估、风险控制、审校批准、监控与审查、沟通与咨询等六个方面。

信息安全工程涉及系统与应用的开发、集成、操作、管理、维护及进化。

信息系统安全保障要素中，人是最核心的要素。组织机构应建立完整的信息安全人才体系，覆盖所有员工的信息安全意识教育、信息系统岗位员工的基本技能培训和信息安全专业人员的全面专业知识培训。

(2) 信息系统安全保障解决方案。

信息系统安全保障解决方案是一个动态的风险管理过程，即通过控制信息系统生命周期内的风险，解决运行环境中信息系统安全建设面临的问题，保障业务系统及应用的持续发展。信息系统安全保障方案应基于组织的安全需求和业务特性设计，确保其实用性与有效性。

在具体实施信息系统安全保障方案时，需以方案为依据，覆盖建设目标和内容，同时注意实施过程规范和对质量、进度与成本的控制，以及对变更的管控。

⬤— 2.3　网络安全架构

2.3.1　网络安全架构基本概念

网络安全架构是指通过合理规划、部署和配置网络相关设备、技术和策略，以保护组织信息系统的一种系统化的安全实施方案。其主要目标是确保网络系统的安全性和可靠性，预防潜在的网络威胁，保护敏感数据，防止未经授权的访问等。网络安全架构涵盖网络系统的各个方面，包括硬件、软件、通信协议、安全策略等。

网络安全架构是为了保障网络系统安全而设计的一种综合性、系统性的框架。它涉及多个领域和技术，包括但不限于防火墙、入侵检测系统、数据加密、身份认证等。其关键作用和重要性主要体现在以下几个方面：

(1) 提供全面的安全防护。网络安全架构从物理层、网络层、应用层等多个层面对网络系统进行保护，利用防火墙、入侵检测系统、数据加密等技术手段，构建一个多层次的防护体系，能够有效地抵御各种网络攻击和威胁。

(2) 确保业务连续性。网络安全架构不仅关注如何防止外部威胁，还重视在发生安全事件时的快速响应和恢复；通过制定合理的安全策略和应急预案，以及配备专业的安全团队，确保网络系统在遭受攻击时能够迅速恢复，保障业务的连续性。

(3) 降低安全风险。网络安全架构能够识别和评估网络系统中的潜在风险，并采取相应的安全措施实行防范；通过定期执行安全漏洞扫描和风险评估，以及及时更新与修补安全漏洞，可以显著降低安全风险，保护组织的核心资产和敏感信息。

(4) 符合法规要求。随着网络安全法规的不断完善，组织需要遵守相关的法律法规以确保网络系统具备合规性。网络安全架构有助于帮助组织建立符合法规要求的安全体系，通过制定安全策略、实施安全控制、记录安全事件等方式来满足法规对网络安全的要求。

一个完整的网络安全架构通常涵盖了以下几个方面。

1. 网络设备

网络设备是网络安全架构的物理基础，包括路由器、交换机、防火墙、入侵检测系统等。这些设备在网络安全中扮演着关键角色，具有不同的功能和作用：

(1) 路由器：网络的核心设备，负责数据包的转发和路由选择。通过配置安全策略，路由器可以阻止未经授权的访问，实现网络隔离和访问控制。

(2) 交换机：用于连接网络中的多个设备，能够快速转发数据包。在安全方面，交换机可以利用虚拟局域网 (Virtual Local Area Network，VLAN) 技术实现网络分段，限制不同网络区域之间的通信，从而提高网络的安全性。

(3) 防火墙：网络安全的第一道防线，负责监控和控制进出网络的流量。通过设置安全规则，防火墙可以阻止未经授权的访问与恶意流量，从而保护内部网络资源。

(4) 入侵检测系统：用于检测网络中的异常行为和潜在威胁，包括入侵尝试、恶意代码传播等。入侵检测系统可以实时分析网络流量，识别潜在的安全风险，并生成警报，以便管理员及时作出响应。

2. 安全措施

安全措施在网络安全架构中扮演着至关重要的角色，涵盖加密技术、身份验证、访问控制等，这些措施旨在保护网络免受各种攻击和威胁。

(1) 加密技术：确保数据在传输过程中不被窃取或篡改的重要手段。通过应用加密算法和密钥，可以对敏感数据进行加密处理，确保数据在传输过程中的安全性。

(2) 身份验证：确保用户身份准确的过程，能够有效防止未经授权的访问。常见的身份验证方法包括密码、指纹、面部识别等。

(3) 访问控制：根据用户身份和权限来管理网络资源访问的过程。通过实施访问控制策略，可以限制用户对网络资源的访问权限，从而防止敏感数据的泄露和非法操作。

3. 安全策略

安全策略是网络安全架构中的指导方针，包括安全管理制度、安全操作规程等。安全策略的制定和执行对于保障网络安全至关重要。

(1) 安全管理制度：网络安全的基础，包括安全组织架构、安全职责分配、安全培训等。通过制定和执行安全管理制度，可以提高用户的安全意识和操作技能，降低安全风险。

(2) 安全操作规程：指导用户如何进行安全操作的具体规定。通过制定和执行安全操作规程，可以规范用户的行为，减少误操作和违规操作带来的安全风险。

4. 网络设备、安全措施和安全策略之间的关系

网络设备、安全措施和安全策略是网络安全架构中不可或缺的组成部分，它们之间相互作用并相互影响。网络设备构成了网络安全架构的物理基础，为安全措施和安全策略的实施提供了必要的支持。安全措施是网络安全架构的核心，通过实施多种安全措施，可以有效保护网络免受攻击和威胁。安全策略则是网络安全架构的指导方针，为网络设备和安全措施的配置和管理提供了指导依据。

这三个要素共同作用，形成了一个多层次的防御体系，旨在提升信息系统对安全威胁的响应速度和处置能力，确保信息系统的安全性和可靠性。

2.3.2 网络安全架构的设计原则和实践方法

1. 设计原则

网络安全架构的设计原则是网络安全体系建设的基本原则和指导方针。设计原则旨在确保网络系统能够提供全面有效的安全防护，以应对不同类型的安全威胁和攻击。以下是几个必要的网络安全架构设计原则。

1) 防御深度原则

防御深度 (Defensein Depth) 原则是网络安全架构设计的核心概念之一，即在网络系统中应采用多层次、多维度的安全措施，从而形成多重防线，以应对各种安全威胁和攻击。通过在网络的不同层次和节点上部署多种安全技术和机制，如防火墙、入侵检测系统、访问控制等，可以有效降低安全风险，提高系统的安全性。

2) 最小权限原则

最小权限 (Least Privilege) 原则是网络安全架构设计中的重要原则之一。它强调在网络系统中给予用户和系统最小必需的权限和访问权限，以降低潜在的

安全风险。通过限制用户和系统的权限范围，可以减少潜在的安全漏洞和攻击面，从而提高系统的安全性。

3) 完整性保护原则

完整性保护 (Integrity Protection) 原则是网络安全架构设计中的关键原则之一。它强调必须采取措施保护网络系统中的数据和信息不被篡改、损坏或未经授权的访问。通过使用加密和数字签名等技术手段，可以确保数据的完整性，防止其被篡改或损坏，从而保障系统的安全运行。

4) 安全策略分层原则

安全策略分层 (Hierarchical Security Policy) 原则是网络安全架构设计的重要原则之一。它强调根据网络系统的不同层次和功能划分安全域，并为不同层制定相应的安全策略和控制措施。通过分层管理和控制安全策略，可以提高网络系统的安全性和可管理性，更有效地应对各种安全威胁。

5) 持续监控和改进原则

持续监控和改进 (Continuous Monitoringand Improvement) 原则是网络安全架构设计的重要原则之一。它强调建立完善的监控机制和安全审计体系，定期对网络系统进行安全评估和漏洞扫描，以便及时发现和修补安全漏洞，不断改进和优化安全措施。通过持续的监控和改进，可以及时发现和应对安全威胁，保障系统的安全稳定运行，持续提升网络系统的安全性和效率。

2. 实践方法和流程

网络安全架构设计的实践方法与流程是一套系统化的方法，一般包含需求分析、架构规划、实施部署以及评估维护等阶段，构成网络安全架构设计整体流程。首先，需求分析阶段是整个流程的起点，目的是明确组织的安全需求和目标；接着，架构规划阶段基于需求分析的结果，设计符合组织需求的网络安全架构；然后，实施部署阶段是将规划的架构蓝图转化为实际操作，部署必要的硬件、软件和策略；最后，评估维护阶段则是对已部署的架构进行持续的评估和优化，确保其持续符合安全需求。其具体内容如下。

(1) 需求分析。需求分析是网络安全架构设计的第一步，其目的在于明确网络系统的安全需求和目标。在这个阶段，需要收集并分析网络系统的相关信息，包括网络结构、业务流程、数据流向、安全威胁等。通过与业务部门的沟通和交流，确定网络安全的关键需求，如保护敏感数据、防止未经授权的访问、防御网络攻击等。

(2) 架构规划。在架构规划阶段，依据需求分析所得结果，拟定网络安全架构的整体设计方案。这包括确定安全策略、选择安全技术和产品、设计安全架构等。在规划过程中，需要综合考量网络系统的规模、复杂性、业务需求和安全威胁等因素，确保设计方案既满足业务需求，又具备较高的安全性和可靠性。

(3) 实施部署。实施部署是将设计方案转化为实际运行环境的过程。在这个阶段，需要依据设计方案进行设备采购、安装配置、联调测试等工作。同时，还需要制定详细的实施方案和应急预案，确保在方案的实施过程中能够应对各种突发情况。

(4) 评估维护。评估维护是网络安全架构设计的关键环节，主要目的是对已经部署的网络安全架构进行定期评估和维护。在这个阶段，需要收集与分析网络系统的安全日志、事件信息等数据，识别潜在的安全隐患和漏洞，并采取相应的措施进行修复和整改。此外，还需要定期更新安全策略和技术措施，以适应不断变化的安全威胁和业务需求。

通过详细的需求分析、科学的架构规划、严谨的实施部署和定期的评估维护，可以确保网络系统的安全性和可靠性，保护核心资产和业务免受安全威胁的侵害。

3. 设计策略

网络安全架构设计策略的制定和选择是一个复杂而关键的过程，涉及多个考量因素，如业务需求、风险评估、资源限制等。

(1) 业务需求。业务需求是网络安全架构设计的首要考量因素。不同组织有各类的业务需求，包括数据处理、数据传输、数据存储等。这些需求直接决定了网络安全架构的设计方向。因此，在设计网络安全架构时，必须充分理解和考虑组织的业务需求，确保安全架构能够满足业务需要，同时不过度复杂或限制业务运行。

(2) 风险评估。网络安全架构设计时风险评估是重要考量因素。通过对组织面临的安全威胁、漏洞和潜在风险进行评估，从而确定需要采取的安全措施和策略。在风险评估过程中，需要考虑外部与内部威胁、技术漏洞、人为错误等因素，并评估这些威胁对组织资产和业务的影响。基于风险评估的结果，组织可以选择合适的安全策略和技术措施，确保网络安全架构能够有效地防御威胁和降低风险。

(3) 资源限制。在网络安全架构设计中资源限制是不可忽视的因素。资源限制包括人力、物力、财力等方面的限制。在设计网络安全架构时，需要充分考虑组织可用的资源，并根据资源限制选择适当的安全策略和技术措施。例如，在人力资源有限的情况下，可以选择自动化与智能化的安全工具和技术，减少人力投入；在财力有限的情况下，可以优先考虑成本效益较高的安全措施和技术。

网络安全架构设计的策略和策略选择需要具有灵活性和可调整性。这是因为，伴随着业务的发展与技术的变化，组织面临的安全威胁与风险也会发生变化。因此，网络安全架构设计需要能够灵活适应这些变化，并根据实际情况进行调整和优化。

为了实现设计策略的灵活性和可调整性，可以采取以下措施：

(1) 采用模块化设计。将网络安全架构划分为多个模块，每个模块具有相对独立的功能和接口。这样可以根据组织的需要，添加、删除或替换模块，以适应不同的业务需求和安全威胁。

(2) 制定可配置的安全策略。安全策略应该具有可配置性，可以根据组织的实际情况进行调整和优化。例如，可以设置不同的访问控制策略、加密策略等，以满足不同的业务需求和安全要求。

(3) 监控和评估。定期对网络安全架构进行监控和评估，及时发现潜在的安全问题和风险，并根据评估结果进行调整和优化。这能够确保网络安全架构始终与组织的实际需求与风险状况相符。

2.3.3　网络安全架构的应用

本小节以高校网络安全架构为例，说明网络安全架构的应用。

依据总体网络安全架构设计目标，高校构建符合《网络安全法》《数据安全法》《信息安全技术—网络安全等级保护基本要求》(GB/T 22239—2019) 等相关要求的防护体系，既能够满足合法合规需求和上级主管单位的监管要求，提升威胁事件发现与响应效率，实现安全事件的快速发现，完成对安全事件的快速响应以及威胁事件的闭环管理，又能够形成一套完整的安全保障体系，实现严密、多渠道的安全控制，确保全校业务系统安全且可靠地运行。

1. 设计原则

(1) 分层防护和重点保护。任何单一的安全措施都无法保证绝对的安全，可能会被攻破。为了预防多种网络攻击行为并保证系统的整体安全，必须合理规划并综合采用多种防护措施，实施多层和多重保护。根据信息系统的重要性和业务特点的不同，来划分不同的安全保护等级，从而实现不同强度的安全保护，集中资源优先保障关键信息系统的安全。

(2) 动态调整和可扩展。随着网络攻防技术的不断发展，安全需求也在不断变化。高校需要密切跟踪信息系统的变化状况，并及时调整安全保护措施。因此，应首要考虑在现有技术条件下满足当下的安全需求，并确保建设方案具有良好的可扩展性，以便在未来能够应对信息技术发展带来的新安全需求。

2. 设计思路

高校的网络安全需求是全面且综合的。需要综合考虑多个方面以确保网络环境的安全稳定和可靠。

以下是设计高校网络安全架构的一些基本思路：

(1) 遵循标准和法规。以《信息安全技术—网络安全等级保护基本要求》(GB/T 22239—2019) 为基础和指导，围绕"一个中心、三重防护"安全体系构筑，确保所有安全措施和设计符合国家标准。

(2) 需求分析。基于高校的业务需求和技术环境，进行详细的安全需求分析，包括数据保护、访问控制、用户身份验证等。

(3) 风险评估。评估网络中的潜在风险，确定不同业务和资产的安全等级，为安全域的划分提供依据。

(4) 安全域规划。根据业务保障原则、结构简化原则、策略一致原则、立体协防原则和生命周期原则，对网络进行安全域的划分。

(5) 分层防护。在每个安全域内实施多层防护措施，包括防火墙、入侵检测系统、安全网关等，形成纵深防御体系。

(6) 访问控制。设计访问控制策略，确保只有授权用户才能访问特定安全域内的资源。

(7) 身份认证和授权。在安全域的边界实施强认证机制，确保用户身份的真实性，并根据用户角色分配相应的权限。

(8) 数据加密。对跨安全域传输的敏感数据进行加密，保护数据的机密性和完整性。

(9) 安全监控和审计。在每个安全域内部署监控系统，实时监控网络活动，并记录审计日志。

(10) 应急响应和灾难恢复。制定针对不同安全域的应急响应计划和灾难恢复策略，确保快速响应和业务连续性。

(11) 持续评估和改进。定期评估安全域的划分和安全措施的有效性，根据新的威胁和需求进行调整。

(12) 技术更新和升级。定期更新安全域内的安全技术和设备，以应对新出现的安全威胁。

(13) 业务保障与安全域划分的平衡。在安全域划分时，综合考虑业务需求和安全要求，平衡业务连续性和安全性。

(14) 结构简化与策略一致性。在确保网络结构简化的基础上划分安全域，同时在宏观上保持安全策略的一致性。

3. 各安全域及组件介绍

校园网承载了多个业务系统，按照校园网使用网络资源的情况可划分为互联网接入区、核心交换区、用户上网接入区、安全管理中心、数据中心区、专用业务区、第三方接入区等，需要根据各个子网的访问性质和特点，按照安全域划分的设计思路，将整个校园网分成若干业务子系统，制定并落实相应的安全策略。高校网络安全架构设计图如图 2-6 所示。

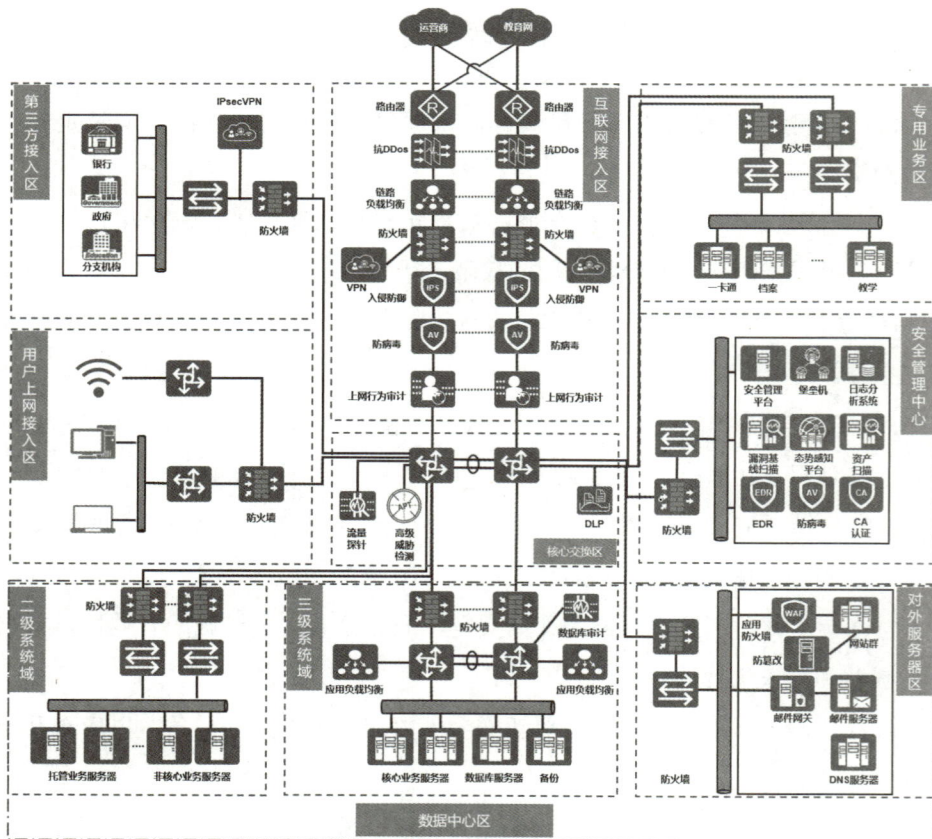

图 2-6　高校网络安全架构设计图

1) 互联网接入区

互联网接入区是校园网络连接外部互联网的关键节点，它的稳定性和安全性对于整个校园网的正常运行至关重要。作为进入互联网的必经之路，互联网接入区不仅承载着数据传输的重任，也是确保校园网络稳定运行的基础保障，如图 2-7 所示。

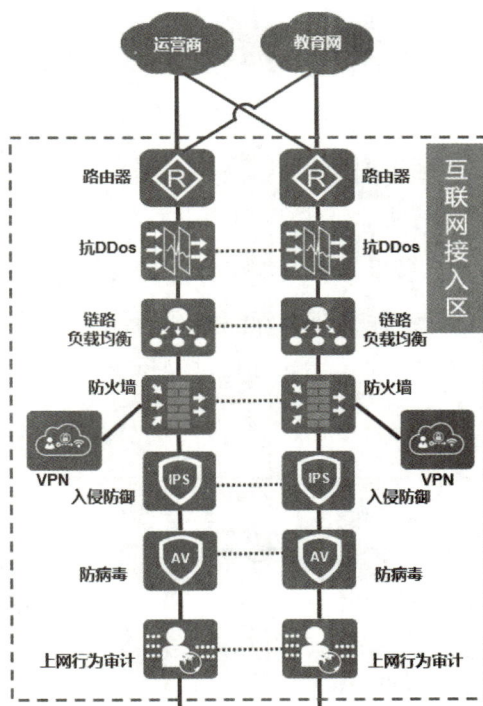

图 2-7　互联网接入区

这一区域的设计直接关系到校园网是否能够正常高效地运行。在该区域部署多层安全设备，包括防火墙和抗分布式阻断服务 (Distributed Denial of Service，DDoS) 设备，可以防止外部攻击和网络入侵。通过防火墙对所有进出网络的流量进行筛选，可以阻止恶意流量进入内部网络。抗 DDoS 设备专门用于检测和缓解 DDoS 攻击，通过对流量的分析和过滤，确保网络服务的持续可用性。在此区域配置虚拟专用网络 (Virtual Private Network，VPN) 设备，目的是为远程办公和出差教职工提供安全的加密网络访问。入侵防御系统实时监控网络流量，识别并阻止潜在的入侵行为。防病毒系统则对进出网络的文件进行扫描，防止恶意软件传播。

2) 核心交换区

核心交换区是校园网络中各个子网和业务系统的连接枢纽，其设计对整个网络的稳定性、可扩展性和高效性至关重要。核心交换区不仅承担着大量数据流量的转发，还要确保数据的安全和传输的快速响应。通过部署高性能的核心交换设备和多层次的安全机制，核心交换区能够实现高效的数据处理和网络的可用性保障。核心交换区主要包括以下几个部分（如图 2-8 所示）：流量统计系统（即流量探针），用于实时监控网络中的数据流量，记录并分析流量的来源、去向、数据包内容，帮助进行网络优化；高级威胁检测系统，能够实时监控网络中的流量，检测潜在的安全威胁和攻击行为，保障核心区域的安全；DLP（数据泄露防护）系统，能够监控和控制网络中的敏感数据流动，防止未经授权的数据泄露。

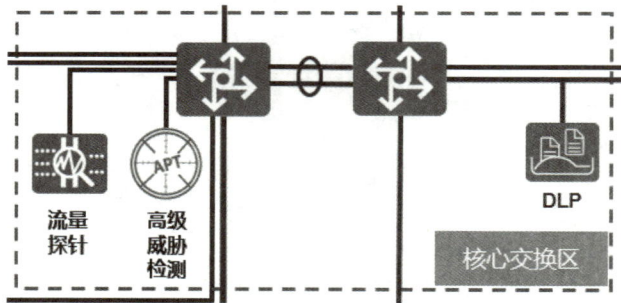

图 2-8　核心交换区

3) 数据中心区

数据中心区是高校网络安全架构中至关重要的组成部分，主要负责存储、处理和管理学校的大量业务和数据。数据中心可以根据业务划分成内网访问业务，互联网访问业务；按照信息安全等级保护，可以划分一级系统、二级系统和三级系统，根据以上业务分类数据中心划分为三个子区域：对外服务器区、二级系统域和三级系统域，如图 2-9 所示。数据中心区通过对各子区域的合理划分和有效防护，实现了对不同安全等级数据的全面保护。

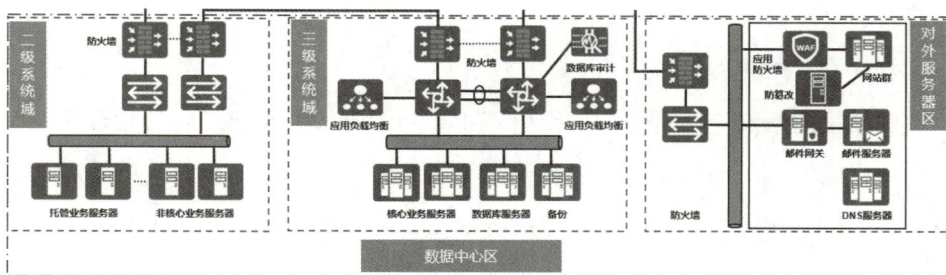

图 2-9 数据中心区

对外服务器区是学校面向外部用户提供服务的关键区域，主要承载 WEB 服务、邮件服务和 DNS 服务等核心应用。通过在该区域部署防火墙，实现对外部访问请求进行过滤和保护，防止网络攻击和恶意流量。同时，通过部署应用防火墙以保护 Web 应用免受 SQL 注入、跨站脚本攻击 (Cross Site Scripting, XSS) 等常见攻击，保障 Web 应用的安全性。此外，邮件网关用于过滤垃圾邮件和钓鱼邮件，保障电子邮件通信的安全性。通过这些安全措施，外服务器区实现了对外部访问的严格控制和对 Web 应用的全面保护。

二级系统域根据信息安全等级保护原则，主要用于存放和处理学校的非核心业务数据和应用。在对外服务器区安全防护的基础上，该区域通过防火墙对访问进行严格控制，确保只有经过授权的用户和系统才可以访问这些数据和应用。通过这种严格控制，有利于强化二级系统域对非核心业务数据和应用的保护，防止未授权访问及数据泄露。

三级系统域是高校网络安全架构中最高等级的安全区域，主要用于存放和处理最为敏感和重要的数据。在该区域通过多层次的安全防护措施，如防火墙、数据库审计和数据备份，保障核心业务数据和应用的安全性和完整性。通过这些措施，三级系统域实现了对敏感数据的严密监控和控制，防止了数据泄露和未授权访问，保障了数据的可用性和完整性。

通过上述安全架构与安全产品部署，对外服务器区、二级系统域和三级系统域形成了一个多层次、立体化的安全防护体系，实现了对整个校园网络应用和数据的全方位安全保护。

4) 安全管理中心

在高校网络安全架构中，安全管理中心扮演着核心角色，负责管理和控制整个网络的安全。它通过整合各种安全设备和系统，提供一个统一的管理和响应平台，以确保网络环境的安全稳定运行。安全管理中心如图2-10所示。

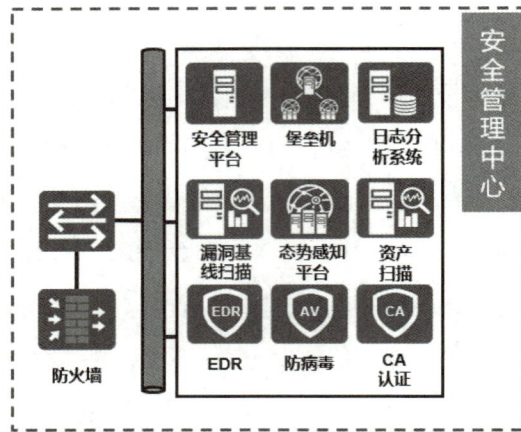

图2-10　安全管理中心

安全管理中心借助安全管理平台实现对网络资产的集中管理与监控，同时对所有安全设备和系统进行统一监控，确保风险得到及时的发现和响应。态势感知平台在该区域发挥着至关重要的作用，通过对各核心区域的流量采集与各核心设备的日志采集，实时分析网络流量与日志信息。确保安全管理中心能够深入洞察网络安全态势，并能够及时研判安全事件，预警潜在的安全威胁。

日志分析系统负责收集和分析安全设备的日志信息，以识别安全问题和异常行为，同时确保日志数据的合规保存。EDR(Endpoint Detection and Response，端点检测和响应)系统专注于监控数据中心服务器，提供实时的威胁检测与响应能力，而防病毒系统则保护服务器避免恶意软件的侵害。CA(Certificate

Authority) 认证系统通过数字证书确保网络通信的安全性，资产扫描和漏洞基线扫描系统则帮助管理和评估网络资产的安全风险。堡垒机作为安全运维的关键设备，集中管理和控制对关键信息系统和设备的访问，提供访问控制和操作审计。

综合而言，安全管理中心凭借这些安全设备的集中部署和管理，构建起一个全面的安全防护体系。该体系不仅能够实时监控与响应各种安全威胁，还能够通过严格的访问控制和操作审计，保护校园网络的核心业务系统，确保整个网络环境的持续安全与稳定。

5) 专用业务区

专用业务区主要负责管理和保护校园内与互联网和校园网隔离的专用业务系统，确保这些系统的安全运行。该区域通常包含一卡通系统、教学系统等关键业务系统，这些系统的正常运行对师生的日常生活、教学活动至关重要。专用业务区通过部署防火墙，对进入和离开该区域的流量进行严格控制和过滤，确保只有经过授权的流量可以访问这些关键业务系统。

6) 用户上网接入区

用户上网接入区包括三个子区域：办公教学楼子区域，涵盖学校正常办公教学网络，一般部署日常的办公终端设备 (如打印机、投影等设备)，可实现对互联网及对内部办公系统的访问；学生宿舍子区域，涵盖学生的个人终端，可实现对互联网及内部某些系统的访问；家属楼子区域，涵盖学校家属楼的终端设备，具备互联网及内部某些系统的访问权限。

7) 第三方接入区

第三方接入区是校园网络的重要组成部分，专门管理和保护来自外部机构 (例如，银行政府、分校区等) 的访问，通常通过采取以下安全措施来确保访问的安全性和可靠性：

(1) 部署防火墙：对进入校园网络的流量进行严格控制和过滤，防止恶意流量和潜在的网络攻击。

(2) IPsec VPN 技术：为外部访问提供加密保护，确保数据传输的安全。

(3) 接入管理系统：负责验证和授权外部访问请求，确保访问的合法性和合规性。

这些措施共同构成了一个综合的安全架构，不仅可以保护校园网络免受潜在的外部威胁，确保外部机构访问校园网络时的安全性和可靠性，还能够平衡外部访问的需求与校园网络的安全要求。

以上高校网络安全架构通过分层防护和重点保护、动态调整与可扩展等设计原则，构建了一个全面且高效的安全防护体系。该架构以《信息安全技术—网络安全等级保护基本要求》(GB/T 22239—2019) 为基础，通过划分不同的安全域，针对各区域的特性和需求部署相应的安全产品和技术，其优势体现在以下三个方面：高安全性，通过多层次的安全措施和严格的访问控制，确保数据和应用的安全性和完整性；管理方便，安全管理中心对各子区域进行集中管理与监控，提供统一的安全管理平台和态势感知系统；扩展性强，架构设计灵活，能够根据实际需求进行调整和扩展，从而适应不同规模和复杂程度的校园网络环境。

● ── 2.4　网络安全技术与产品

为了构建一个安全可靠的网络架构，必须依赖各种先进的网络安全技术和产品。这些技术和产品共同作用，形成了多层次、多维度的防护体系，能够有效地抵御各种网络威胁。

本小节主要介绍构成高校网络安全架构的主要技术和产品，涵盖从基础的流量过滤、防病毒、入侵防御到高级的态势感知、数据防泄漏和安全管理等方面。通过对这些技术和产品的深入理解和应用，建立一个全面的、动态的、智能的安全防护体系，确保校园网络的安全、稳定和高效运行。

2.4.1　边界安全

1. 防火墙

防火墙是一种网络安全系统，旨在监控和控制进出网络的流量，基于预定的安全规则，阻止未经授权的访问。防火墙可以是硬件设备、软件程序或两者的组合，它在网络边界上建立起一道屏障，以保护内部网络免受外部威胁。

1) 主要技术

防火墙主要通过硬件和软件的结合，在内部和外部网络环境之间形成一道保护屏障，从而实现对计算机不安全因素的阻断。只有在防火墙允许的情况下，用户才能够访问计算机内部，否则将被阻挡在外。防火墙的警报功能非常强大，当外部用户试图进入计算机时，防火墙会迅速发出相应的警报，提醒用户注意，并自行判断是否允许外部用户进入内部网络。只要用户在网络环境内，防火墙就能有效地进行查询，并将查询到的信息显示给用户。用户可以根据自身需求对防火墙进行相应设置，阻断不允许的用户行为。

此外，防火墙还能够有效监控信息数据的流量，并掌握数据上传和下载的速度，便于用户对计算机使用情况进行良好的控制和判断。计算机的内部情况也可以通过防火墙进行查看，防火墙还具有启动和关闭程序的功能。计算机系统内部的日志功能实际上是防火墙对计算机内部系统实时安全情况和每日流量情况的总结和整理。

2) 主要功能

防火墙具有多种关键功能，主要包括：

(1) 流量监控与过滤。防火墙对经过其处理的所有网络通信进行实时扫描，以识别并过滤掉潜在的攻击流量，防止恶意代码在目标计算机上执行。

(2) 端口管理。防火墙能够关闭不活跃的端口，减少潜在的攻击面。此外，它还可以禁止特定端口的出站通信，有效封锁特洛伊木马等恶意软件的传播。

(3) 访问控制。防火墙能够限制对特定站点的访问，防止来自不明入侵者的通信，增强网络安全。

(4) 监控与审计。防火墙具备监控网络活动、记录日志和发送事件通知的功能，以便于网络安全团队进行审计和实时响应潜在的安全威胁。

3) 发展趋势

包过滤 (Packet Filtering) 技术作为防火墙技术中的核心之一，但存在明显的不足：缺乏身份验证机制和用户角色配置功能。因此，一些产品开发商将 AAA(Authentication、Authorization、Accounting) 认证系统集成到防火墙中，以确保防火墙能够支持基于用户角色的安全策略功能。多级过滤技术是在防火墙中设置多层过滤规则：在网络层，利用分组过滤技术拦截所有伪造的 IP(Internet Protocol) 源地址和源路由分组；在传输层，根据过滤规则拦截所有禁止出 / 入的协议和数据包；在应用层，利用 FTP(File Transfer Protocol)、SMTP(Simple Mail Transfer Protocol) 等网关对各种 Internet 服务进行监测和控制。总体而言，上述技术都是对现有防火墙技术的有效补充，是提升现有防火墙技术的改进措施。

4) 技术分类

(1) 包过滤技术。包过滤技术是最基本的防火墙技术。它根据预设的规则检查进入和离开的数据包头部信息，如源地址、目的地址、端口号等，以决定是否允许数据包通过。

(2) 状态检测 (Stateful Inspection) 技术。状态检测技术是包过滤技术的扩展，它不仅检查数据包头部信息，还跟踪连接的状态信息，从而更准确地判断数据包是否属于合法的会话。

(3) 代理防火墙 (Proxy Firewall)。代理防火墙又称应用层网关，位于客户端和服务器之间，充当中介的角色。它能够检查并控制应用层的数据流，提供更深层次的安全检查。

(4) 应用层网关 (Application Layer Gateway，ALG) 技术。应用层网关技术专注于应用层的流量，能够识别和处理特定的应用程序协议，如 HTTP、FTP 等，从而提供更细致的访问控制和安全防护。

除了上述技术外，还有诸如深度包检测 (Deep Packet Inspection，DPI)、下一代防火墙 (Next-Generation Fire Wall，NGFW) 等技术。它们通过更高级的分析和检测手段，能够提供更全面的网络安全解决方案。

5) 应用场景

(1) 内网防火墙。内网防火墙通常设定在固定位置，往往位于服务器的入口处，实现控制外部访问者，从而保护内部网络。内部网络的用户可以根据需求明确权限规划，确保用户只能访问规定的路径。总体而言，内网防火墙主要有以下两个作用：

① 认证应用。内网中的许多行为具有远程访问的特点，只有在约束的情况下，通过相关认证才能进行操作。

② 记录访问记录。防火墙记录访问日志，避免内部网络遭受攻击，并形成安全策略。

(2) 外网防火墙。外网防火墙主要用于防范外部威胁。外网用户只有在防火墙授权的情况下，方可进入内网。布设外网防火墙时，需确保其全面性，使所有外网活动均在防火墙的监视下进行。如果外网存在非法入侵，防火墙可以主动拒绝服务。防火墙是控制外网进入内网访问的主要途径之一，能够详细记录外网活动将其汇总成日志，通过分析这些日志，判断外网行为是否具存在攻击特性。

2. 入侵防御系统

入侵防御系统 (Instrusion Prevention System，IPS) 是一种网络安全设备，旨在检测和阻止潜在的威胁和攻击，通常在威胁进入目标系统之前进行。IPS 不仅能监控网络流量和系统活动，还能自动采取措施防止攻击，如丢弃恶意数据包、阻断可疑连接或对可疑活动进行报警等。

1) 检测技术

(1) 异常侦查。IPS 能够对数据包的内容进行详细检查，识别出其中的有效载荷和潜在威胁。当遇到动态代码 (如 ActiveX、JavaApplet、各种脚本语言等)

时，IPS 能够识别正常数据及其关系的常见形态，并对比识别异常。当遇到可疑或潜在的恶意动态代码时，IPS 会选择性地将其放置在沙箱中观察行为动向，如果发现可疑情况，则停止传输并禁止执行。

(2) 结合协议异常、传输异常和特征侦查。一些 IPS 结合协议异常、传输异常和特征侦查技术，能够有效阻止有害代码通过网关或防火墙进入网络内部。

(3) 核心基础上的防护机制。用户程序通过系统指令使用资源 (如存储区、输入输出设备、中央处理器等)。IPS 能够截获有害的系统请求，并对 Library、Registry、重要文件和重要文件夹进行防守与保护。

2) 应用场景

企业网络为了防御应用层攻击 (如缓冲区溢出攻击、木马和蠕虫等)，提高企业网络的安全性，一般会在网络的关键位置部署 IPS。当 IPS 识别到流量中包含入侵行为时，可以对该非法流量进行阻断；如果检测到的是非入侵行为，则允许流量正常通过。这种机制有助于在不影响正常网络流量的同时，有效防止和减少网络攻击的威胁。

3) 发展趋势

IPS 正迅速与人工智能技术融合，借助机器学习与深度学习提高威胁检测的精确度和效率。同时，IPS 正成为综合网络安全体系的关键部分，与其他安全技术如防火墙和反病毒软件协同作用，形成更全面的防护。随着云计算和物联网的兴起，IPS 也在向这些新兴领域扩展，提供灵活且可扩展的安全服务。此外，IPS 的策略和功能正不断更新和优化，以适应不断演变的网络威胁，并通过与安全信息和事件管理系统的集成，实现与其他安全设备的紧密协同。

2.4.2　传输安全

1. 虚拟专用网络

虚拟专用网络是属于在公共网络上建立加密通道的技术，使远程用户能够安全地访问内部网络资源。通过 VPN 技术，用户可以在公共网络中建立虚拟专用网络，依靠互联网服务提供商 (Internet Service Provider，ISP) 和网络服务提供商 (Network Services Provider，NSP)，将远程分支机构、商业伙伴和移动办公人员有效连接，形成虚拟子网，实现端到端的数据通信安全。

1) 原理

VPN 通过建立加密的安全隧道，在公共网络上模拟专用网络的数据传输环境，确保数据的机密性和传输的安全性。当数据从用户设备发送到目标网站或服务时，VPN 客户端会对数据进行加密，并在传输过程中保护信息的私密性和完整性。这相当于通过一条专用物理线路进行传输，但实际上 VPN 使用的是互联网上的公用链路，因此被称为虚拟专用网络。

2) 主要功能

VPN 的主要功能有：

(1) 加密通信。VPN 使用加密技术保护数据在公共网络上的传输，防止数据被窃取或者篡改。

(2) 远程访问。VPN 允许用户从远程位置安全地访问内部网络资源，如文件服务器、数据库以及内部网站。

3) 发展趋势

伴随物联网设备数量的增多以及新一代通信技术的演变，VPN 的发展将面临更多的机遇与挑战。其发展趋势表现在以下几个方面：

(1) 安全性增强。随着网络安全威胁的增加，VPN 将不断增强其安全性，包括加密技术的升级和身份验证机制的完善等。

(2) 移动化支持。随着移动办公的普及，VPN 将更加注重对移动设备的支持，可提供更为便捷、安全的远程访问解决方案。

(3) 云服务集成。随着云计算的普及，VPN 将与云服务进行更紧密的集成，提供更加灵活且可扩展的远程访问服务。

4) VPN 分类

(1) 二层隧道协议 (Layer 2 Tunneling Protocol，L2TP)：一种基于 TCP/IP 协

议栈的 VPN 协议，主要用来构建基于客户端 / 服务器的 VPN 连接，支持加密传输和用户身份验证等功能。

(2) 互联网安全协议 (Internet Protocol Security，IPSec)：一种基于 IP 协议的 VPN 协议，主要提供网络通信的加密、认证以及完整性保护等功能，适用于构建网络层到应用层的 VPN 连接。

(3) 安全套接字层协议 (Secure Sockets Layer VPN，SSLVPN)：一种基于 SSL 协议的 VPN 协议，主要提供应用层数据传输的安全保护，支持加密传输和用户身份验证等功能。

(4) 开源虚拟专用通道 (Open VPN)：支持加密传输和多协议 VPN 连接，适用于建立跨越不同网络的 VPN 连接。

5) VPN 的应用场景

(1) 企业远程办公。企业员工可以通过 VPN 从远程位置安全地访问企业内部网络资源，如文件服务器、内部网站等，实现远程办公。

(2) 学校远程教学。学校可以通过 VPN 建立虚拟专用网络，让学生能够远程访问学校的教学资源，实现远程教学。

(3) 跨国企业通信。跨国企业可以通过 VPN 建立虚拟专用网络，实现不同国家分支机构之间的安全通信和数据传输。

(4) 公共 WiFi 网络保护。在使用公共 WiFi 网络时，用户可以通过连接 VPN 来建立加密的连接，保护个人隐私和敏感数据不被窃取或篡改。

2.4.3　应用安全

1. Web 应用防火墙

Web 应用防火墙 (Web Application Firewall，WAF) 是一种专门设计用于监控、过滤与阻止 HTTP/HTTPS 流量的安全设备或软件。WAF 通过在 Web 应用程序和客户端之间建立一道屏障，以保护 Web 应用程序避开常见的网络攻击。

1) 技术分类

(1) 硬件 WAF：一种独立设备，可以与网络交换机、路由器等设备集成，拦截来自外部网络的流量，并对 Web 应用程序进行保护。硬件 WAF 具有高性能和低延迟等优点，适用于高流量的 Web 应用程序。

(2) 软件 WAF：一种安装在服务器上的应用程序，可以通过修改 Web 服务器或代理服务器的配置文件实现。软件 WAF 可以与多种 Web 服务器和应用程序框架集成，包括 Apache、Nginx、IIS 等。软件 WAF 具有灵活性强，易于配置等优点，适用于多种 Web 应用程序。

(3) 云 WAF：一种基于云的服务，可以将 Web 应用服务的流量转发到云提供的全球分布的节点，从而提高 Web 应用服务的可用性和性能。云 WAF 具有弹性扩展、自动升级等优点，适用于高可用性和高性能的 Web 应用服务。

2) 技术特点

(1) 监测和拦截恶意流量。WAF 可以监测流经其设备的所有流量，对恶意流量进行拦截，保护 Web 应用程序免受各种攻击。

(2) 基于规则的检测。WAF 通常采用基于规则的检测技术，通过预定义规则或自定义规则来检测并拦截恶意流量。

(3) 防止漏洞利用。WAF 可以检测和拦截各种漏洞利用攻击，如 SQL 注入、跨站脚本、跨站请求伪造、命令注入等。

(4) 安全策略。WAF 可以通过安全策略来限制流量的来源、目标和类型，从而实现更精细的流量控制和访问控制。

(5) 高可用性。WAF 通过多节点部署和负载均衡来实现高可靠性和可扩展性。

3) 应用场景

(1) 网站安全加固。WAF 可以作为网站安全的一道防线来防止各种常见的 Web 攻击。

(2) Web 应用程序保护。WAF 可以保护 Web 应用程序免受未经授权的访问和恶意攻击。

(3) 网络流量管理。WAF 可以帮助管理网络流量，防止恶意用户占用过多的带宽资源。

(4) 合规性要求。一些行业标准和法规要求企业必须使用 WAF 来保护其 Web 应用程序。

4) 发展前景

(1) 更智能的检测和防护技术。WAF 可通过使用机器学习和人工智能等技术来提高对恶意攻击的检测和防护能力。

(2) 更加细粒度的策略控制。WAF 可提供更加灵活和细粒度的策略控制，以满足不同应用场景的需求。

(3) 云原生架构支持。WAF 可更好地支持云原生架构，包括容器和微服务等技术。

(4) 与其他安全工具的集成。WAF 可与其他安全工具集成，提供更全面的安全解决方案。

2.4.4　数据安全

1. 数据库审计

数据库审计既可以被视为一种技术，也可以是一个完整的系统。它指的是用于监控与记录数据库活动的技术或系统，以便进行安全分析和合规性检查。

1) 技术原理

数据库审计系统通常采取旁路侦听的拓扑结构进行工作，这种部署方式十分方便，实现即插即用，且不会对现有的业务网络结构造成任何影响。系统利用业务协议分析检测技术，能够识别各类数据库的访问协议以及其他多种应用层协议。

数据库审计系统的核心组成部分包括：

(1) 数据采集：收集数据库的访问和操作日志。

(2) 数据存储：安全地存储采集到的数据，以便于后续分析。

(3) 事件分析：使用智能分析技术，如模式匹配、异常检测等，来识别潜在的网络入侵和操作违规行为。

(4) 报警与响应：当检测到可疑活动时，系统会发出报警，并提供响应措施以减轻威胁。

通过这些组成部分，数据库审计系统能够为组织提供对数据库操作行为的全面监控，帮助安全团队及时发现和响应安全事件。

2) 主要功能和作用

数据库审计技术具备多项关键功能与作用，主要包括监控特定用户或用户组的活动以确保其符合安全政策和业务规则，跟踪对数据库中关键数据或表的访问与更改操作，记录数据变更前后的状态，以便于事后分析与审计；通过深入分析访问模式和用户行为，识别潜在安全威胁，如未授权访问或异常数据访问，并在检测到可疑行为时自动触发警报或通知；生成符合法律、法规和行业标准的审计报告，证明组织的合规性；辅助识别影响数据库性能的问题，如低效查询或配置不当；在数据泄露或安全事件发生之时，提供详尽的日志记录，辅助深入分析和取证调查。

3) 技术发展趋势

数据库审计技术的发展趋势正向着智能化和自动化方向演进，这得益于人工智能、机器学习和大数据分析等先进技术的引入，使得对数据库操作行为的审计和异常检测变得更加自动化，从而显著提升了审计工作的效率与准确性。

此外，数据库审计技术正逐步实现全面覆盖和多维度审计，不再局限于单一的操作行为审计，而是扩展到数据库配置、接口等多个方面，通过这种全方位的审计手段，可以从不同角度对数据库操作行为进行更深入的分析，更全面地识别并揭示潜在的安全风险。

4) 技术分类

按照审计范围分类，数据库审计技术分为全面审计和特定审计；按照审计时间分类，数据库审计技术分为实时审计和事后审计；按照审计内容分类，数据库审计技术分为数据审计和行为审计等。

5) 应用场景

数据库审计技术在金融、电商、医疗、政府等多个领域都有广泛的应用场景。例如，在金融机构中，数据库审计技术可以帮助组织机构监控员工对敏感数据的访问和操作行为，防止数据泄露和滥用；在电商平台上，数据库审计技术可以帮助电商企业跟踪用户的购物行为和交易记录，确保交易的安全性和合规性；在医疗机构中，数据库审计技术可以监控医疗数据的访问和使用情况，保护患者隐私和医疗数据安全；在政府机构中，数据库审计技术可以监控公共数据的访问和使用情况，确保数据的安全性和合规性。

2.4.5 高级威胁检测防御

1. 网络态势感知

网络态势感知 (Cyber Situational Awareness，CSA) 既可以是一系列技术，亦可视为能力的综合体现。它指的是对网络环境中潜在威胁、攻击和安全事件的实时监测、理解和预测的能力。这种能力是通过应用一系列技术手段实现的，包括但不限于网络流量分析、漏洞扫描、入侵检测以及威胁情报分析。通过对这些技术手段的综合运用，网络态势感知可为组织提供全面的网络安全视图，提高对网络安全威胁的识别、响应与预防能力。

1) 技术原理

网络态势感知技术的工作原理是通过日志采集探针与流量传感器，分别进行不同系统日志和流量日志的采集与处理工作，借助关联分析引擎、异常分析引擎、数据统计引擎、批处理引擎等进行威胁判定。另外，该技术还涉及大数据安全标准化，包括海量异构数据分析、深度学习、网络综合度量指标、网络测绘、威胁情报、知识图谱、安全可视化等技术。

2) 主要功能

网络态势感知技术的核心功能在于对大规模网络环境中的安全要素予以全

面的获取、解析、显示与预测，这有助于提升用户对安全威胁的发现、识别、理解、分析以及响应处理能力。它为用户提供了一个全面的网络安全态势感知视图，包括系统资产、弱点、威胁告警等各类统计信息的综合展示。此外，网络态势感知技术还支持资产管理，能够监测资产的安全态势，展示进程、账号、端口、软件等资产的指纹信息以及资产的暴露面，并能够获取每项资产的告警、漏洞、被攻击情况等详细信息。预警功能也是其重要组成部分，通过对安全环境信息的深入分析，能够快速判断当前和未来的安全形势，从而作出及时且正确的反应。

3) 发展趋势

网络态势感知技术的发展趋势正朝着深度融合大数据和人工智能技术的方向发展。通过对这些技术的应用，可以实现对网络攻击和重大网络安全威胁的全面监控和管理，具体包括：

(1) 可知 (Visibility)：全面了解网络的安全状态和潜在风险。

(2) 可管 (Manageability)：有效管理和控制网络安全措施。

(3) 可控 (Controllability)：对网络安全威胁进行快速响应和控制。

(4) 可溯 (Traceability)：追踪和溯源网络攻击的来源。

(5) 可预警 (Predictability)：预测潜在的网络安全威胁并提前发出预警。

随着云计算基础设施的广泛使用，网络态势感知技术正在发展动态扩展和云化的能力，以适应云计算平台的扩展需求。此外，技术发展还致力于提供精准的预测和防御处置建议，以应对日益复杂多变的网络环境和不断演进的攻击手段。

4) 技术分类

网络态势感知技术可以按照不同的颗粒度进行分类，包括宏观结构、中观结构和微观结构。宏观结构关注对整个环境进行全局观察和分析，中观结构关注局部的态势变化，而微观结构则关注微小区域或个体的态势变化。这些不同颗粒度的态势感知结构可以相互组合和衔接，从而形成一个多层次、全面的态势感知系统。

5) 应用场景

网络态势感知技术作为一项关键技术，在多个领域发挥着重要作用，如在金融领域，中国人民银行要求地方性银行业机构和非银行支付机构接入"金融行业态势感知与信息共享平台"，其目的是提高这些金融机构识别和应对威胁风险的能力；在网络安全领域，网络态势感知技术被用于构建更为先进的防御体系，特别是在"零信任"架构下，网络态势感知技术成为应对各种安全挑战的核心组成部分，帮助组织实时监控网络活动、分析潜在威胁并作出快速响应。

2. 端点检测和响应

端点检测和响应是一种集成的网络安全解决方案，专注于监控、检测和响应计算设备（如计算机、服务器和移动设备）上的威胁。EDR 系统通过持续收集和分析端点数据，识别可疑活动，提供实时可见性和响应机制，以防止、检测和减轻潜在的安全威胁。

1) 技术原理

EDR 的技术原理是通过数据采集阶段收集终端设备上的各类数据，包括系统日志、进程、文件、注册表和网络连接等，构建完整的设备画像。在数据分析阶段，EDR 通过深入分析这些数据来识别异常活动，如恶意代码行为或攻击者使用的工具与技术。在威胁检测阶段，EDR 利用威胁情报和机器学习技术来探测已知和未知的威胁，同时结合行为分析技术来辨识异常行为模式。当 EDR 检测到可疑活动时，将对其进行恶意代码分析，以了解其行为和目的，并决定是否采取相应的响应措施。在响应措施阶段，EDR 能够执行多种行动，包括隔离受感染设备、终止恶意进程、清除恶意文件等，以快速响应安全事件并限制攻击的影响。

2) 主要功能

EDR 的主要功能如下：深度持续监控、威胁检测、高级威胁分析、调查取证、事件响应处置、追踪溯源等。EDR 能够帮助安全团队及时发现、诊断和解决危害端点设备的安全威胁，包括使用未受保护的 WiFi 网络、设备丢失或被盗、网络钓鱼活动和相应的恶意软件、弱密码（或根本没有密码）等。

3）发展趋势

随着网络攻击手段的不断演变和复杂化，EDR 技术也在不断发展。未来的 EDR 技术将更加智能化和自动化，能够更好地应对未知威胁和高级威胁。同时，EDR 技术也将更加注重与其他安全设备和平台的集成与联动，形成更为完善的安全防护体系。

4）技术分类

EDR 技术能够按照不同的分类方式进行划分。按照部署方式，EDR 技术分为云端部署或本地部署；按照检测方式，EDR 技术分为基于行为的检测与基于签名的检测；按照响应方式，EDR 技术分为自动化响应和手动响应等。

5）应用场景

EDR 技术通过构建符合组织内部安全需求的检测模型，并结合专业的安全响应流程设计，实现对未知威胁的持续检测，协助安全运维人员深入调查高级威胁的渗透目的，提供有效的补救措施，并防止同类型攻击的再次发生。在与云端联动处置方面，EDR 技术能够在发现可疑行为时，借助多种检测方式和分析手段进行验证和判断，从而确认是否存在攻击行为，减少误报和漏报。此外，EDR 技术还能提供丰富的端点数据采集信息，供综合威胁检测平台进行深入分析和调查，追溯威胁主体的传播途径和攻击手段，从而针对性地完善系统加固体系与应对措施。例如，联软 UniEDR 作为业界广泛应用的实例，展示了 EDR 技术在实际应用中的有效性和重要性。

2.4.6　安全管理

1. 网络安全管理平台

网络安全管理平台是一个综合性系统，是基于网络安全管理制度和安全监测信息构建的。该平台旨在为各类组织，提供集中、统一和可视化的安全信息管理。通过梳理和整合现有的网络安全监测手段，平台能够实现网络安全人员的协同管理，无论他们属于哪个单位或部门。

1) 技术功能

网络安全管理平台的主要技术功能包括网络安全考核、信息资产管理、漏洞管理和安全设备管理及联动。

(1) 网络安全考核：通过量化各单位的安全事件和漏洞修复等数据，评估网络安全工作的效果，为管理决策提供支持，促进安全工作的持续改进。流程化管理通过完善线上网络安全工作台账和记录，确保安全数据的安全性和完整性。

(2) 信息资产管理：融合网络空间资产探测、资产治理技术，实现设备协同管理和资产备案审核，流程化管理网络信息资产。

(3) 漏洞管理：通过联动不同漏洞扫描系统，差异化扫描提高结果准确性，统一管理不同来源漏洞，实现漏洞台账记录、处置跟踪、修复跟进和统计分析，有效管理漏洞。

(4) 设备管理及联动：实现安全设备运维状态监测和数据收集，统一分析处理，监测防火墙、入侵检测设备等状态。

2) 发展趋势

网络安全管理平台正朝着自动化和智能化安全响应的方向发展。网络安全管理平台通过利用自动化安全工具能够迅速检测并应对安全事件，从而降低人为操作的错误和延迟。此外，智能化安全响应能够基于安全监控信息自动调整防护策略，增强防护措施的针对性和有效性。随着技术的进步，网络安全设备之间的联动也将变得更加智能化，它们能够依据威胁情报和安全策略自动触发联动响应，以实现更迅速和精确的威胁防御。为了适应不断变化的安全需求和环境，网络安全管理平台还需要具备高度的灵活性和可扩展性，允许用户根据特定需求进行定制和功能扩展。

3) 应用场景

网络安全管理平台的应用场景主要有大型企业和政府机构。

(1) 大型企业。大型企业的网络资产环境复杂，面临的安全威胁种类繁多，网络安全管理平台能够集中监控和响应安全事件，快速分析事件、发现问题，并提供相应的处置措施。

(2) 政府机构。随着网络安全法规的不断完善，政府机构需要遵守各种网络安全法规和标准。网络安全管理平台可以帮助政府机构实现网络资产合规性管理。

2. 堡垒机

堡垒机 (Jump Server 或 Bastion Host) 是一种特殊的安全设备，用于保护和管理内部网络系统和资源。它作为受控访问的服务器，提供了一个受监控和受保护的入口点，允许经过授权的用户安全地访问其他受保护的网络系统。

1) 技术原理

堡垒机主要通过代理方式实现用户对敏感系统的访问，将用户的请求进行转发，实现对用户、主机和网络的持续管理。堡垒机采用"一中心、多节点"的架构，构建了一个高度安全的跳板机制。控制中心负责接收用户请求、进行身份验证和授权，以及记录用户操作行为等任务，工作节点则作为连接到受保护系统的代理服务器，它们之间形成了一条安全的通道。

具体来说，控制中心把经过授权的用户连接到工作节点，工作节点再将用户的请求安全地传递到受保护系统。用户的请求和系统返回的数据都通过这条安全的通道进行传输。

堡垒机的主要技术包括：

(1) 逻辑命令自动识别技术：自动解析用户使用的逻辑命令。

(2) 分布式处理技术：通过分布式架构设计实现高效的命令处理和日志记录。

(3) 正则表达式匹配技术：实现控制命令的自动匹配与控制。

(4) 多进程/线程与同步技术：确保并发操作的安全性和数据的一致性。

这些技术的综合应用使得堡垒机能够有效地监控和控制对敏感系统的访问，确保访问行为符合安全策略，并在必要时进行审计和追溯。

2) 主要功能

堡垒机的主要功能包括访问控制、账号管理、资源授权、审计录像和安全告警等。

(1) 访问控制：确保运维人员仅在授权范围内进行操作，降低操作风险。

(2) 账号管理：集中管理运维人员的账号，包括云主机和局域网主机等。

(3) 资源授权：支持多种形式的主机资源授权，并采用基于角色的访问控制模型，实现对用户、资源、功能作用的细致化授权管理。

(4) 审计录像：记录运维人员在堡垒机中的所有运维操作，使管理者能够通过日志进行安全审计，实现事后追责。

(5) 安全告警：通过实时监控和智能告警，及时发现潜在的安全威胁和异常行为。

堡垒机的作用在于实现运维过程的细粒度访问控制、步步管控和全方位操作审计，确保运维过程的事前预防、事中控制和事后审计。

3) 发展趋势

随着网络技术的持续进步与安全威胁的不断加剧，堡垒机技术正向着智能化和自动化方向演进，利用人工智能、机器学习等技术可实现更便捷、安全的远程运维与自动化操作，从而提升运维的效率与安全性。同时，随着更多应用程序和数据迁移至云端，堡垒机也将向云原生解决方案转型，以更好地适应云环境的需求。多因素身份验证技术的应用将更加广泛，包括生物特征识别、硬件令牌或手机验证码等，以增强访问控制的安全性。未来的堡垒机模型可能会采用无信任访问模式，即基于零信任理念对所有用户进行身份验证和访问控制。此外，堡垒机将更加重视与其他安全解决方案和系统的 API 集成，以实现更全面的安全防护和监管。这些发展趋势预示着堡垒机技术将更加先进、灵活和安全，以应对日益复杂的网络安全挑战。

4) 技术分类

堡垒机技术按照不同的分类方式可以进行多种划分。按照功能划分，堡垒机分为基础型堡垒机、增强型堡垒机和高端型堡垒机三种类型。基础型堡垒机主要提供访问控制和审计等基础功能；增强型堡垒机则在这些基础功能之上增加了资源授权、账号管理等高级功能；高端型堡垒机进一步集成了包括多因素身份验证、无信任访问等在内的更多安全技术和功能。按照部署方式划分，堡垒机分为硬件堡垒机和软件堡垒机两种形式，其中硬件堡垒机作为独立的硬件设备可以直接部署于网络中，而软件堡垒机则作为软件解决方案，需要安装在服务器上才能运行使用。

5) 应用场景

堡垒机的应用场景主要有政府机关和军事机构、金融机构、大型企业等。

(1) 政府机关和军事机构：保护其内部网络和敏感信息的安全，防止外部攻击和内部泄密；助理实现细粒度的访问控制以及全面的操作审计。

(2) 金融行业：保护其业务系统和交易数据的安全；帮助其实现多因素身份验证和精细化的权限管理，以此来防止非法访问和数据篡改。

(3) 大型企业：大型企业通常拥有复杂的网络环境和大量的 IT 设备，需要对其网络予以集中管理与监控。堡垒机技术有助于企业实现集中化的访问控制和审计管理，提高运维效率和安全性。

第3章　网络安全管理体系

3.1　网络安全管理概述

网络安全管理是指通过采取一系列安全措施和管理方法，保护计算机网络以及网络上的数据和信息不受到非法侵入、破坏、篡改等威胁的管理活动，其目标是确保网络系统和数据的可用性、完整性和机密性。网络安全管理是确保网络环境安全、稳定和可靠运行的关键，是一项系统性工程，需要综合应用技术、政策法规以及组织管理等多种手段来确保网络的稳定有效运行，具体包括制定明确的策略和政策、建立专业的安全团队、进行风险评估和管理、建立网络访问控制、加强数据保护、提高人员安全意识、实施漏洞管理和应急响应、开展安全审计与合规性检查等措施。这些措施共同构成了全面的网络安全工作管理体系，有助于降低网络安全风险，使网络系统安全运行并保护敏感数据和关键信息。

与此同时，信息化在安全策略管理中的应用也极大地提高了网络安全管理工作的效率，从策略的制定到监测、优化，信息化技术为每个环节提供了强有力的支持。

通过本章的学习，可以了解网络安全管理工作的理论基础和管理体系，同时通过高校网络安全管理工作的实践经验，了解教育行业网络安全管理体系建设的具体实施步骤，为高校网络安全工作提供参考。

3.1.1　信息安全管理体系

1. 信息安全管理体系概念

信息安全管理体系 (Information Security Management System，ISMS) 是指组织在整体或特定范围内制定信息安全方针和目标，以及完成这些目标所用的方法与体系。ISMS 是组织为了保护其信息资产而建立的框架，可以表示为方针、原则、目标、方法、过程、核查表等要素的集合，具体包括一系列的政策、流程、程序、组织结构和技术措施。通过建立 ISMS，组织可以实现对信息安全风险的系统化、合规化管理，有效应对信息安全事件，提高信息资产和技术基础设施的运营效率，保障信息的机密性、完整性、可用性，保护信息资产免受内部和外部威胁的侵害。

ISMS 的核心目标是实施持续的信息安全管理活动，通过制定信息安全政策、确立安全目标、实施相应的控制措施等系统化的方法识别、评估和处理信息安全风险。在建立和实施 ISMS 的过程中，需要组织领导层的高度重视，并配备必要的人力、物力和财力等资源。其建立和实施过程应遵循 PDCA(规划—实施—检查—行动) 管理模型，通过风险评估了解安全需求、设计并实施解决方案，同步监控和审查该方案的有效性，并在必要时及时改进 ISMS。

2. 信息安全管理体系基础

通常所说的 ISMS 是基于 ISO/IEC 27001 的标准框架进行裁剪，同时融入了等保 2.0(即网络安全等级保护制度 2.0 标准) 等符合实际业务和 IT 环境的信息安全管理体系。

ISO/IEC 27001 是一个与 ISMS 密切相关的国际标准，它提供了建立、实施、维护和持续改进 ISMS 的详细要求和指导原则。该标准基于风险管理，要求建立基于风险的信息安全管理体系，并通过内部审计和管理评审确保体系的有效和持续改进。

ISO/IEC 27001 的发展历程如下：

1995—1998 年，国际信息安全管理标准体系 BS 7799 首次作为行业标准发布，为信息安全管理提供了依据。该标准第一部分 BS 7799—1:1995《信息安全管理实施细则》和第二部分 BS 7799—2:1998《信息安全管理体系规范》先后分别于 1995 年和 1998 年发布。

2000 年，国际标准化组织 (International Organization for Standardization，ISO) 基于 BS 7799—1:1995 发布 ISO/IEC 17799:2000 作为信息安全管理的国际标准，该标准着重在信息安全管理的控制措施，是实现信息安全管理的实践指南。

2005 年，基于 ISO/IEC 17799:2000 发布 ISO/IEC 17799:2005，正式成为国际信息安全管理体系标准；同年，BS 7799—2:1998 在修订后成为正式的 ISO 标准，即 ISO/IEC 27001:2005。

2013 年，ISO 发布 ISO/IEC 27001:2013，引入基于风险的思维方式，更加聚焦于风险管理，强调信息安全与业务的结合。

2022 年，ISO 发布 ISO/IEC 27001:2022，进一步完善和优化了标准中的控制项，以更好地应对数字化转型、云计算、远程办公等现代信息安全挑战。

ISO/IEC 27001 的发展反映了信息安全领域不断变化的需求和挑战，通过持续更新 ISO/IEC 27001，确保其适应性和有效性，有助于组织抵御日益复杂的网络威胁，保障其信息安全不受侵害。

3. 信息安全管理体系内容

(1) 控制域：ISMS 包含 14 个控制域，这些控制域覆盖了信息安全管理的各个方面，如表 3-1 所示。

表 3-1　ISMS 控制域

控制域	控制域名称	控 制 目 的
A5	信息安全策略	提供符合有关法律法规和业务需求的信息安全管理指引和支持
A6	信息安全组织	建立信息安全管理框架，在内部启动和控制信息安全实施工作
A7	人力资源安全	确保内部员工、合同方人员在任用前理解其职责并适应所承担的角色；任用中了解并履行其信息安全责任，任用终止和变更后其信息安全责任与义务仍然有效
A8	资产管理	确定信息资产与适当的保护责任；确保按照信息资产重要性对其进行适当级别的保护，防止存储在介质上的信息被未授权泄露、修改、删除或破坏
A9	访问控制	限制对信息和信息处理设施的访问；确保已授权用户的访问；保护用户认证信息；预防并防止对系统和服务的非授权访问
A10	密码学	确保适当及有效地使用密码，以保护信息的机密性、真实性和 / 或完整性
A11	物理和环境安全	防止对信息和信息处理设施的未经授权的物理访问、破坏及干扰，防止资产的遗失、损坏、被盗以及业务中断
A12	操作安全	确保信息处理设施的正确与安全操作，防止恶意软件、数据丢失、技术漏洞被利用，记录事件和生成的证据，确保系统完整性，最小化审计活动对系统运行的影响
A13	通信安全	确保网络与信息处理设施中信息的安全、信息在内部与外部之间传输的安全
A14	系统的获取、开发及维护	确保信息安全成为信息系统生命周期的组成部分，包括向公共网络提供服务的信息系统；确保信息系统生命周期中设计和实施的信息的安全与测试数据的安全
A15	供应商关系	确保供应商可访问到的信息的安全；供应商服务应保持一致的信息安全水平，保证服务交付符合服务协议要求
A16	信息安全事件管理	确保持续、有效地管理信息安全事件，包括对安全事件整体和弱点的沟通
A17	业务连续性管理的信息安全	信息安全连续性应包含在业务连续性管理体系中，同时确保信息处理设施的可用性
A18	符合性	避免违反有关信息安全法律、法规、规章、合同要求及任何安全要求，依照策略和程序实施信息安全评审

(2) 管理控制措施：涉及人员、组织结构、资产管理、业务连续性管理等多个方面。

(3) 技术控制措施：包括物理安全技术、系统安全技术、网络安全技术、数据加密技术等。

除了上述内容以外，ISMS 要求从采购服务、人员培训、管理体系实施等方面建立流程，开展包括文件体系管理、流程运转维护、组织架构维护、风险评估等一系列安全运营的重点工作。

3.1.2　高校网络安全管理

在高校网络安全管理中，需要更加明确地从管理责任、技术防护、安全意识培训等方面多管齐下，为整体的网络安全提供保障。在所有网络安全管理措施实施与流程建立之前，需要非常明确地制定网络安全工作目标，包括安全管理工作合法合规，业务服务的稳定运行，敏感信息保护，网络安全应急、人员意识提升等方面。

1. 安全管理工作合法合规

在《中华人民共和国网络安全法》《中华人民共和国数据安全法》《中华人民共和国个人信息保护法》等法律法规中，国家对于机构的网络安全管理工作均提出了明确的要求。因此，高校的网络安全管理原则需要遵循国家的网络安全管理工作的要求，以确保高校的网络活动合法合规。

2. 业务服务的稳定运行

在互联网时代，教育教学、行政管理、科学研究、财务资产等高校基本的职能几乎都要通过网络实现，所以，构建安全的网络环境，保障校园网络的稳定运行，防止网络攻击和不当访问，基于网络安全稳定运行的底座为教学和科研活动提供安全可靠的网络服务，支持高校核心业务的顺利进行，确保关键业务系统和服务在面临网络攻击或其他安全威胁时仍能持续运行是高校网络安全管理的首要目标。

3. 敏感信息保护

高校信息系统往往存放着学校教职工与学生的详细个人信息、科研项目情况与数据、财务收支与资产信息等敏感数据，攻击者通常会针对这些敏感数据开展网络攻击。因此，增强风险管理，不仅能够及时识别和评估网络安全风险，保护信息资产，确保高校内信息资产存储、处理和传输的安全，防止数据泄露、篡改或丢失，也可以保护师生的个人隐私和敏感信息，防止个人信息被未授权访问和滥用。

4. 应急响应迅速，人员意识提升

在确保高校网络和数据安全稳定运行的状态下，高校需要在网络安全事件发生时迅速作出反应，将损失降到最低；制定针对不同网络安全场景的应急预案，建立应急响应管理机制，提高对网络安全事件的响应和恢复能力。同时，高校应当通过教育和培训，提高领导层、行政管理人员、教师与学生的网络安全意识；强化校内人群的网络安全素养，使其成为网络安全管理工作的积极参与者和网络安全的维护者。

通过上述目标的实现，高校才能够确保网络空间的安全和稳定，推动高校信息化建设，从而更好地利用网络和技术资源促进信息化发展，促进教育现代化和教育目标的实现。

针对上述网络安全工作目标，结合工作实际，西安电子科技大学信息网络技术中心提出了建设"五团六项一循环"安全运营体系，如图 3-1 所示。其中，"五团"指整个安全运营体系下的五个团队，包括信息中心技术人员、资深安全专家、专业安全厂商、部门安全联络人和学生安全团队，在网络安全技术体系和以国家安全法律法规为基础的安全制度体系下，以安全业务管理流程和操作流程规范为指引，开展整体网络安全运维管理和日常网络安全技术管理，并进行持续的"安全监测—分析研判—通报预警—取证处置—风险定位—安全加固—整改复测"的网络安全检测工作。"六项"指包含安全运营团队、整体安全运维管理、日常技术运维管理、网络安全持续检测、安全技术体系、安全制

度体系在内的网络安全整体工作构成部分，在其间形成一套循环，保证安全事件总结复盘的结果反馈至运维管理、技术、制度、团队管理部分，持续完善网络安全整体管理工作。

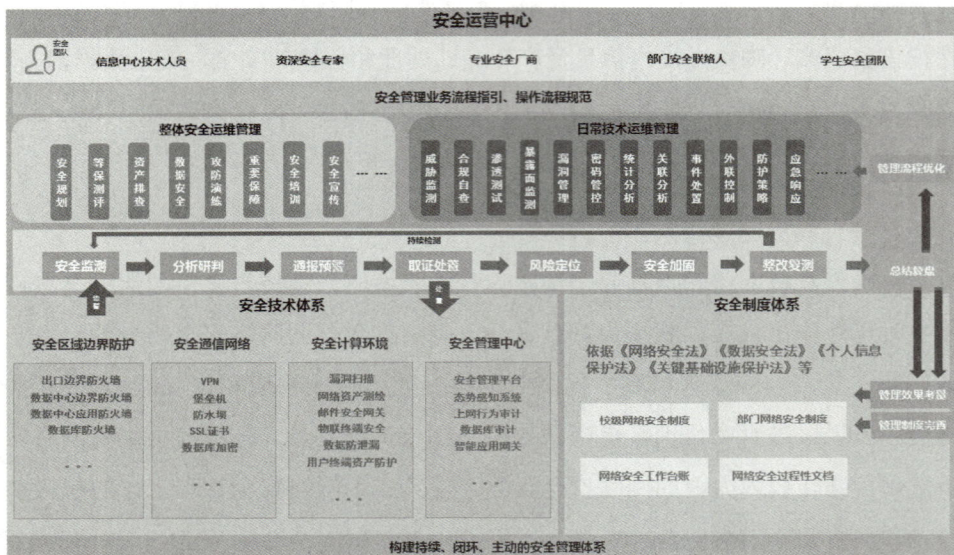

图 3-1　"五团六项一循环"安全运营体系

3.2　网络安全管理策略

　　网络安全管理策略对于实现网络安全目标具有重要的指导和保障作用。它通过提供明确的方向和框架，帮助组织机构应对不断变化的网络安全威胁，保护关键信息资产，确保业务连续性。在制定明确的网络安全管理工作目标后，如何有效、高效、强效地实现网络安全管理工作目标，制定与目标相符的安全管理策略也是网络安全管理工作者需要长期思考和优化的问题。通常来说，网络安全管理策略主要包括网络安全责任体系的建立与落实、信息资产的分级分类与评估、网络安全技术防护与风险排查、网络安全制度汇编与过程性台账记录等方面的内容。

3.2.1　网络安全责任体系的建立与落实

网络安全责任体系在网络安全管理策略中扮演着至关重要的角色，它为策略的执行提供了明确的分工和监督机制，确保每个部门和人员在网络安全管理工作中的角色和职责得到清晰定义和有效落实，保证网络安全管理工作符合法规和标准，保障信息资产和业务安全，降低安全风险，保护用户隐私，提升人员意识，推动网络安全管理工作的持续改进和发展。

1. 网络安全责任体系的建立

(1) 建立网络安全顶层工作机制。

2017 年 8 月 15 日，中共中央办公厅印发《党委 (党组) 网络安全工作责任制实施办法》，对理清网络安全责任、落实保障措施具有重要影响，根据该办法，组织机构需要建立由机构主要领导参与的网络安全组织架构，明确网络安全相关的部门与职责分工。以高校为例，在建设网络安全责任制方面，首先应建立顶层网络安全工作机制，成立网络安全与信息化领导小组，学校书记是网络安全第一责任人；然后将网络安全责任制往下分解，即为校内各院系、机关部门等二级单位，对各院系和机关单位来说，各院系党委书记、机关部门党委书记或者负责人即是本单位的网络安全责任人，并应签署网络安全责任书。在责任书中，应明确本单位的党政负责人为网络安全第一责任人，按照"谁主管，谁负责；谁运营，谁负责；谁使用，谁负责"的原则，从各单位的网络安全及数据安全岗位人员、信息资产安全建设和监测整改、数据规范使用、管理人员对信息资产的操作、重要时期值班值守、网络安全相关教育培训方面都提出了明确要求。

(2) 明确网络安全管理人员与职责。

在建立网络安全责任体系后，需要将具体的工作职责分配至个人。如表 3-2 所示，按照实际情况和工作需要应当设立系统管理员、网络运行管理员、网络安全管理员、数据安全管理员等岗位，并清晰定义各岗位的职责。

表 3-2　各类信息化管理员主要职责

序号	信息化管理员类型	主　要　职　责
1	系统管理员	负责系统技术方案的设计、实施和验收、系统维护与管理；用户支持与服务；实时监控网络系统运行状态，定期对重要数据进行备份，为师生提供必要的技术支持和培训等
2	网络运行管理员	负责网络规划、设计、安装配置；网络设备维护，监控网络流量和性能；管理 IP 地址分配、域名管理、网络存储资源等，为师生提供技术支持与培训，及时解决网络故障等
3	网络安全管理员	确保网络安全措施符合教育行业和相关法律法规的要求；制定和更新网络安全政策和程序；定期进行网络安全风险评估；及时发现并响应可疑行为和安全事件；执行网络安全审计；记录和分析安全事件；确保符合合规要求，组织网络安全培训和意识提升活动；维护网络安全相关的文档等
4	数据安全管理员	制定和更新数据安全政策和程序；对数据进行分类和标识；制定和实施数据访问控制策略，管理数据从创建、存储、使用、共享到销毁的整个生命周期；组织数据安全培训；定期进行数据安全审计；对数据安全措施进行评估；维护数据安全相关的文档记录等

(3) 建立网络安全责任制考核机制。

在明确网络安全相关责任机构与人员后，为保障网络安全管理工作的有效落实，各单位也应建立网络安全管理考核制度、考核规范与考核表，主要以网络安全责任制落实、工作部署和培训情况、网络安全相关事项响应情况、重要时期网络安全保障工作开展、日常网络安全监测等方面为考核点，将网络安全管理工作分解到各个系统的直接运维人员和相关部门，这样才能让网络安全管理工作切实落到实处。网络安全管理考核评分示例表如表 3-3 所示。

表 3-3　网络安全管理考核评分示例表

序号	内　容	考　核　指　标
1	责任制落实	确定本单位网络安全负责人 (第一责任人)、网络安全分管领导和网络安全联络员
2		签订网络安全承诺书
3	工作研究部署	召开网络安全工作会议
4		单位主要负责人应参加学校每年组织的网络安全专题工作会议或培训
5		单位网络安全管理人员应参加学校每年组织的网络安全专题工作会议或培训
6	信息系统管理	全面清理有问题的信息系统
7		建立信息系统名录
8	网络安全日常检查	每半年组织开展一次信息系统网络安全自查
9		保障个人隐私数据和重要业务数据安全
10		加强访问日志记录和日常审计
11		积极配合上级部门开展网络安全现场检查
12	等级保护工作	协助网络安全职能部门完成本单位信息系统的定级备案
13		根据网络安全等级保护测评结果进行整改
14	网络安全威胁监测预警	制定网络安全事件处置流程
15		配合学校开展网络安全应急演练
16		及时上报和处置网络安全事件
17	网络安全宣传教育培训	积极组织参加网络安全教育培训

2. 网络安全制度体系的建立

网络安全相关制度是明确各类职责与工作流程、事项标准化中必不可少的部分，只有建立起明确、实用、可操作的制度体系，才能够在各类网络安全管理工作场景中做到依规办事，从而保障工作的合规性。网络安全制度体系的建立需要结合国家对网络安全工作的明确要求、本单位网络安全相关机构与人员的职责、信息资产的类型与技术防护要求、网络安全培训要求等方面综合考虑，定期对网络安全管理制度进行审查，不断优化和调整，以适应不断变化的网络安全环境。

近年来，党对网络安全管理工作的全面领导不断加强，工作体系持续完善。因此，网络安全责任部门也需要针对不同时期的需求制定整体安全方案并建立相应的机制，明晰本阶段网络安全相关工作的内容、时间节点、各单位职责与相关材料等，并提前发送至相关部门，预判风险并进行排查工作，从而加强网络安全保障工作和全年重要时期网络防护工作的组织部署，保障网络安全管理工作的高效流转。

3. 网络安全沟通机制的建立

在建立网络安全责任制并明确指定系统管理员、网络运行管理员、网络安全管理员、数据安全管理员等网络安全及数据安全相关人员后，需要建立整体的安全工作沟通与反馈机制。其具体内容包括以电话、邮件、即时通信工具、纸质文档或线上平台等方式为主要沟通渠道，确保信息传递和沟通的顺畅，加强信息共享和信息反馈，提供支持和协助解决网络安全问题的渠道；加强与二级单位之间的沟通和合作，提高对网络安全的响应速度和效率，从而有效应对各种潜在的安全威胁。网络安全责任部门在发现有安全风险和隐患的同时，需要迅速启动"上传下达"机制，以提醒函的形式及时将相关威胁明确提醒至二级单位，以达到预判、预防的效果；在系统责任部门发现所管理的信息资产有安全风险和隐患的同时，也应主动、及时地反馈至网络安全责任部门，提前处置和整改，将安全威胁可能造成的风险降到最低。网络安全工作提醒函示例表如表 3-4 所示。

表 3-4　网络安全工作提醒函示例表

联系单位	
联系事项	关于 XX 系统存在 XX 隐患的安全提醒
联系时间	年　　月　　日

工作联系人		办公地点	
联系电话		联系邮箱	

3.2.2　信息资产分类分级与评估

为实现有效的网络安全管理工作，需要有完整、明确的信息资产数据，比如信息资产的管理与运维信息、重要性、分布情况、部署环境、数据流转过程等。其中信息资产的重要性需要通过对其进行分类分级与安全评估来实现，从而针对不同的信息资产进行有针对性的安全防护，使信息资产安全管理工作更加精准和明确。

1. 信息资产分类分级的概念与目的

信息资产分类分级包括信息资产分类和信息资产分级，是指对所持有的信息资产根据其重要性、敏感性、价值和风险等因素进行系统的分类和级别划分，这一过程对于信息资产的管理和数据安全管理都至关重要。

1) 信息资产分类

信息资产分类主要是根据信息资产的业务用途将其分门别类。例如，可以将系统分为门户网站、重要业务系统、自建业务系统等类别，每个类别还可以进一步细分为更具体的子类，以便进行更精确的管理和使用。

2) 信息资产分级

信息资产分级是根据系统业务要求，结合系统中数据的保密性、完整性要求和数据泄露、损坏或非法使用可能造成的潜在影响，将信息资产划分为不同的安全级别。一般而言，安全级别包括高、中、低三个等级，每个等级对应不同的保护措施和安全要求。

在高校网络安全管理工作中，首先应遵循国家和教育部门关于数据安全的规定，如《教育系统核心数据和重要数据识别认定工作指南（试行）》等，确保数据管理符合法律法规要求，保证网络安全管理工作的合规性。其次，在做好信息资产分类分级的基础上，才能够进行和实现风险管理，准确识别和评估不同数据资产的风险，采取相应的安全管理措施和防护策略，为不同类别和级别的数据资产设计和实施相应的安全控制措施，如访问控制、加密、监控等，并在此基础上实现资源优化，合理分配网络、人力等资源，对不同级别的数据资产实施不同程度的保护措施，提高资源使用效率。

3) 信息资产分类分级的目的

信息资产的分类分级不仅有助于提高信息资产的安全性，也是高校信息化建设中不可或缺的一环。它是一项系统性的工作，需要综合考虑信息资产的多种属性和工作的具体目标与需求，并通过科学的方法和有效的工具来实现。

2. 信息资产分类分级的步骤

信息资产分类分级的步骤如下：

(1) 现状梳理。在开始分类分级之前，首先需要全面了解和掌握当前的信息资产现状，这一步涉及对所有信息资源的系统性梳理，包括硬件、软件、数据以及业务应用等各类信息资产。其关键目标是确保每一类信息资产都得到了充分的识别和记录，避免遗漏。进行清晰的资产梳理，才能明确所拥有资产的范围、存储位置、使用方式以及敏感度，从而为后续的分类分级奠定基础。

(2) 标准制定。依据相关的法律法规、行业标准及自身的特点制定内部标准和规范，制定适合自身的分类分级标准。例如，高校的信息资产可能包含教学、科研、学生信息等多类数据，敏感个人信息、科研机密数据与普通教学数据应有不同的分类标准。

(3) 策略制定。基于所制定的标准，进一步细化具体的信息资产分类分级策略，其重点在于根据数据的特点和业务重要性明确哪些信息资产属于重点资产，哪些属于中风险资产，哪些可以公开或具有较低风险，并根据分类结果制定相应的保护策略。

(4) 工具辅助。为了确保分类分级工作的效率和准确性，在信息资产分类分级的过程中可借助自动化工具，通过预设的规则和算法自动扫描和分类大量数据资源，提高工作效率。自动化工具还能够对数据进行实时监控和分类，降低人工干预的错误率，并定期更新分类结果，确保信息资产的管理与安全防护能够及时响应新的变化。

(5) 结果应用。分类分级的最终目的是将结果应用于信息安全防护和管理中。根据信息资产的不同分类，组织可以采取相应的安全措施。例如，对于重点资产，可能需要采用加密技术、严格的访问权限控制和定期的数据备份措施；对于中低风险资产，则可采用较为宽松的保护措施。通过将分类分级结果应用到日常安全管理流程中，可以更加有效地保护资产。这些结果还可以用于风险评估、合规检查以及业务连续性计划中，进一步提升网络安全管理工作的整体水平。

3. 信息资产风险评估的概念及目的

1) 信息资产风险评估的概念

信息资产风险评估是对信息资产所面临的威胁、脆弱性以及由此带来的风险进行系统性分析的过程。它包括识别和评估可能对信息资产造成损害的各种威胁，确定信息资产的脆弱点，以及这些威胁对信息资产造成损害的可能性和潜在影响。此外，风险评估还涉及对风险的量化或定性分析，以便确定风险的大小和优先级，并据此制定相应的风险管理策略。它是信息安全管理中的一个重要环节，涉及对组织内信息资产所面临的威胁、脆弱性以及由此带来的风险进行系统的分析和评估。

2) 信息资产风险评估的目的

信息资产风险评估的目的是帮助组织了解其信息资产的安全状况，识别和优先处理最重要的安全风险，确保采取有效的安全措施来保护信息资产，从而支持组织业务的连续性和合规性。通过风险评估，组织可以作出基于风险的决策，合理分配资源，以经济有效的方式提高整体的信息安全水平。信息资产风险评估是一个动态的、持续的过程，需要组织不断地更新威胁和脆弱性信息，重新评估风险，并调整安全措施以适应新的安全环境。通过有效的风险评估，组织可以确保其信息资产得到适当的保护，从而支持其业务的稳定运行和持续发展。

4. 信息资产风险评估的步骤与内容

信息资产风险评估的步骤与内容，如表 3-5 所示。

表 3-5　信息资产风险评估的步骤与内容

序号	步　骤	内　容
1	评估准备	确定风险评估的范围和目标，组建风险评估团队，准备必要的资源和工具
2	资产识别	列出组织内所有的信息资产，包括硬件、软件、数据、人员和流程等
3	威胁和脆弱性识别	识别可能对资产造成损害的威胁以及资产可能存在的脆弱点
4	风险分析	分析威胁对资产造成损害的可能性和影响，包括定性和定量分析
5	风险评估	评估风险的严重程度，确定风险等级，通常采用风险矩阵的方法
6	风险处理	根据风险的大小和组织的风险承受能力，决定采取何种措施来处理风险，如风险规避、风险转移、风险减轻或风险接受
7	安全措施的制定和实施	基于风险处理的决策，制定和实施相应的安全措施
8	监督和复审	监督安全措施的执行情况，并定期复审风险评估，以应对新的威胁和变化
9	沟通和报告	将风险评估的结果和安全措施的进展情况与组织内部和外部相关方进行沟通

3.2.3　网络安全技术防护与风险排查

　　建立完善的网络安全技术防护体系的目的是确保信息系统、数据和网络环境免受各种安全威胁的侵害，保障业务的连续性和数据的完整性、可用性和机密性。为了实现这一目的，需要制定全面的网络安全战略，包括建立完善的网络安全防护体系、梳理信息资产并分类分级、定期排查与巡检信息资产安全状态、做好重要时期网络安全保障、开展预防性网络安全与数据安全演练、定期评估与审查、开展网络安全培训等方面的工作。同时，还需要与供应商、合作伙伴等利益相关方建立紧密的合作关系，共同构建安全的网络环境。

1. 建立完善的网络安全防护体系

完善的网络安全防护体系包括根据网络数据的敏感性，实施网络隔离措施，将网络分割为多个区域，并设置访问控制策略，控制流量进出网络，阻止恶意流量和未经授权的访问，对网络活动、日志和事件进行集中管理和分析，及时发现异常行为和安全事件，保护终端设备安全；加强对重要数据和系统的保护，采用加密、备份等措施确保数据的安全性和完整性；建立严格的访问控制策略和身份认证机制，实施分级的访问权限管理；建立统一的身份认证系统，实现"一人一账号"；使用 VPN、堡垒机等方式对网络权限进行精细化管理，限制对敏感数据和重要系统的访问；建立定期备份数据的机制，并测试备份数据的可用性，以应对数据丢失和恢复问题等。

2. 梳理信息资产并分类分级

梳理信息资产并进行分类分级管控是保护关键资源、提高数据安全性和合规性的重要步骤，同时可以更好地帮助组织理解和遵守相关的法规和标准，确保组织的业务活动符合法律要求，避免因违规而面临法律风险和处罚。当组织面临安全事件或需要制定新的安全策略时，可以更加快速地确定关键资产及其优先级，提高决策效率和准确性。

组织通过对信息资产进行全面的识别、评估、分类和分级，制定和执行有效的管控措施，可以确保其信息资产得到适当有效的防护，降低潜在的安全风险。分类分级管控可以帮助组织根据信息资产的敏感性和重要性来制定适当的安全策略和措施，确保信息资产得到充分的保护；通过针对不同级别的信息资产实施不同级别的安全措施，可以降低由于信息资产被泄露、篡改或滥用而带来的风险；根据资产的优先级和重要性来优化资源配置，可以将更多的资源和精力投入到关键和敏感的信息资产上，提高其保护效果，并降低不必要的成本支出。

　　信息资产梳理包括全面识别信息资产，编制信息资产清单和评估信息资产价值。理清信息资产并进行分类分级管控是一个持续的过程，需要不断地评估和调整。这个过程中，组织可以发现现有安全措施的不足和潜在的安全风险，并制定相应的改进措施，这样可以不断地提高信息资产的安全性，并满足不断变化的合规性要求，从而达到持续降低风险的目标。

　　以高校信息资产梳理工作为例，如表 3-6 所示，可将信息资产分为基础信息、数据信息、责任归属、等保信息、漏洞信息等几大类型，对应信息中有更加详细的字段。

表 3-6　信息资产数据梳理

信息资产分类	详　细　字　段
基础信息	资产名称、URL、资产到期时间、主 IP 地址、其他 IP 地址 /IP 地址段、是否可互联网访问、备 IP 地址、操作系统、校外用户数量、管理后台访问地址、使用状态、使用人群分组、其他分组、密码强度、是否有校外用户、是否有独立管理后台、是否有密码更新周期、上线时间、接受业务中断时间 (非计划内)、运维期截止时间、是否为单位内部人员使用系统、目前是否有运维技术人员、登录方式、备注、功能描述
数据信息	系统与数据库是否分离部署，数据库系统、数据库系统 (其他)、数据存储量、数据存储是否加密、数据分级、数据备份、数据共享方式、数据传输方式、数据使用防护措施、个人信息数据量
责任归属	所属部门、安全管理员 / 工号 / 手机号 / 邮箱、系统管理员 / 工号 / 手机号 / 邮箱、部门负责人 / 工号 / 手机号 / 邮箱、建设公司名称、建设公司所在地、建设公司负责人、建设公司联系电话
等保信息	备案年份、备案编号、备案名称、备案等级、备案时间
漏洞信息	危险等级、漏洞名称、漏洞分类、漏洞概要、修复状态
自定义字段	可自行添加

　　在梳理清楚信息资产后，应当根据信息资产的属性，基于行业标准进行信息资产分类，根据资产的敏感性和重要性将其分为不同的级别并制定策略，包括访问控制、加密、备份和恢复、审计和监控等；最后根据资产分类分级应明确各级管理人员和员工在分类分级管控中的职责和权限，这有助于确保管控措

施得到有效执行，并降低潜在的安全风险。定期监控和评估其分类分级管控措施的有效性，并根据需要进行调整和改进，有助于确保组织的信息资产始终得到适当的保护。

3. 定期排查与巡检信息资产安全状态

1) 定期排查与巡检的目的

定期排查与巡检信息资产是确保信息安全和系统稳定运行的关键环节，其目的是及时发现潜在的安全隐患、系统漏洞或不合规行为，评估信息资产当前面临的安全风险，根据评估结果制定相应的风险应对措施，并采取相应手段进行修复或改进，优先处理高风险问题，有效预防安全事件，降低潜在损失。信息资产安全状态的排查与巡检，有助于及时发现系统或网络中的脆弱点和安全隐患，确保信息系统和信息资产符合相关的法规、政策和标准，通过对比当前的安全措施与合规要求，可以及时调整策略，确保合规性。如表 3-7 所示，信息资产自查完成后汇总成漏洞台账报告至网络安全责任部门，网络安全责任部门可监督和帮助其完成整改工作。

表 3-7　信息资产自查漏洞表

序号	IP	URL/ 域名	漏洞描述	漏洞等级	检测日期	修复日期

定期排查与巡检不仅是技术层面的工作，也是提升人员安全意识的重要途径，通过开展或参与信息资产的巡检，相关人员可以认识到信息安全的重要性，提高自我防护能力。定期排查与巡检有助于及时发现并解决可能影响业务连续性的系统问题或安全隐患，确保业务的稳定运行。巡检则有助于了解当前安全策略的执行情况，了解哪些安全措施是有效的、哪些需要改进，发现可能存在的不足和漏洞，从而制定更加完善的安全策略，从而优化资源配置，提高安全投入的效率。

2) 定期排查与巡检的工作内容

为了有效地进行定期排查与巡检，应该制定详细的计划和流程，明确巡检的范围、频率、人员、工具和方法等，包括定期对互联网敏感信息进行扫描；定期对网站／系统进行安全漏洞扫描，对重要业务系统以及新上线的网站／系统进行渗透测试，及时发现并修复潜在的安全隐患；定期排查弱口令密码，避免账户被非法利用；定期对安全设备进行巡检，检查设备运行状态及策略有效性，确保安全设备正常运行等；同时，还应该建立完善的巡检记录和报告机制，确保巡检结果的及时传递和整改措施的落实。此外，应该定期对巡检工作进行回顾和总结，不断改进和优化巡检流程和方法，提高巡检的效率和效果。

定期排查与巡检的内容包括网络安全管理工作侧排查和信息资产网络安全状态技术侧排查，两者需要共同完善。高校网络安全管理工作侧排查内容可参考表 3-8。

表 3-8　高校网络安全管理工作检测表

序号	网络安全管理工作检测内容	检测结果
1	网络安全责任人是否签署责任书；单位是否召开网络安全工作会议，成立工作小组和应急小组，制定工作方案	□是　　□否
2	是否建立及更新单位内部网络安全应急响应机制，重要时期是否安排专人 7×24 小时进行信息资产监测和隐患处置	□是　　□否
3	是否将本单位全部信息资产备案	□是　　□否
4	信息系统是否已全部完成安全排查及问题整改	□是　　□否
5	是否存在长期不用、无人运维的"僵尸"信息系统	□是　　□否
6	是否存在"双非"信息系统	□是　　□否
7	是否定期对本单位在线发布的信息进行清查	□是　　□否
8	是否将学校数据存放在校外服务器上	□是　　□否
9	是否落实信息资产账号安全管理	□是　　□否
10	终端是否安装杀毒软件和开启防火墙功能	□是　　□否
11	外包运维服务是否签署保密协议	□是　　□否

信息资产安全状态技术侧排查内容可参考表3-9，可结合实际网络安全工作需求进行增减。

表 3-9　信息资产网络安全检测表

检测分类	类　别	检　测　项
身份认证	密码安全	密码强度不足
		默认密码不安全
		密码存储不安全
	暴力破解	无抵御暴力破解机制
		抵御机制可绕过
	信息泄露	系统提示中泄露敏感信息
		客户端代码中泄露敏感信息
		系统日志中泄露敏感信息
		本地存储泄露敏感信息
	传输安全	敏感信息未加密传输
		敏感信息加密方式不安全
	密码修改	修改密码时不需要认证
		修改密码时不需要提供原始密码
		修改密码时可列举原始密码
	密码找回	找回密码问题简单
		找回密码问题的答案可被列举
		依据找回密码的步骤限定逻辑
		找回的密码以非安全方式通知用户
	登录漏洞	登录存在 SQL 注入
会话管理	令牌生成	令牌可被猜测
		会话令牌固定

续表一

检测分类	类　别	检　测　项
会话管理	令牌处理	令牌传输不安全
		会话终止不安全
		Cookie 范围限定不当
访问授权	越权	匿名用户可访问普通用户操作
		匿名用户可访问管理员用户操作
		普通用户可访问管理员用户操作
		普通用户之间可访问非授权操作
数据验证	SQL 注入	匿名用户触发的普通 SQL 注入
		匿名用户触发的盲目 SQL 注入
		授权用户触发的普通 SQL 注入
		授权用户触发的盲目 SQL 注入
	命令注入	ASP 命令注入
	脚本注入	PHP 脚本注入
		ASP 脚本注入
	路径遍历	文件包含漏洞
		文件上传漏洞
		文件下载漏洞
		任意文件读写
	XSS	反射型
		存储型
		DOM 型
	其他	CSRF
		HTTP 消息头注入
		CRLF 注入

续表二

检测分类	类 别	检 测 项
配置管理	HTTP 协议	启用非安全的 HTTP 方法
	Web Server	Web Server 安全选项未打开
		网站目录遍历
		Web Server 历史漏洞未修补
	FTP Server	服务器提供外网 FTP 服务
		外网 FTP 服务允许匿名登录
	DB Server	数据库开放外网端口
		数据库允许匿名登录
业务安全	验证码安全	验证码不过期
		验证码过于简单，机器可识别
		没有进行非空判断
		验证码输出在 Cookie 中
		验证码输出客户端
		客户端生成验证码
	业务接口调用安全	恶意注册
		短信炸弹
	业务流程乱序安全	顺序执行缺陷
	业务数据篡改安全	数据篡改
漏洞安全	系统漏洞	服务器操作系统漏洞
		中间件漏洞
		第三方组件漏洞
		开发框架漏洞
	移动设备	Android 漏洞
		iOS 漏洞
其他检测项		

3) 定期清理

定期清理是维护系统健康状态的重要手段，有助于提高系统的性能、安全性、合规性、资源利用率、用户体验等。清理过期网站链接、不必要的软件或插件、恶意软件残留等，可以降低系统被攻击或感染病毒的风险，提高整体安全性；定期对用户账号进行审查和清理，有助于保障用户账号的准确性和安全性，防止过期、无效或未经授权的用户账号引发的安全风险。在数据库中，定期清理可以删除重复、过时或无效的数据，减少数据冗余，提高数据质量和查询效率，同时定期清理备份服务器内存可以减少备份文件的大小和数量，降低备份和恢复的时间和成本。

4. 做好重要时期网络安全保障

做好重要时期网络安全保障的主要目的在于确保组织在关键阶段免受网络安全威胁的侵害，保障业务的连续性、数据的完整性和机密性，以及维护组织的声誉和社会的信任。此外，为了确保网络安全保障措施的有效执行，还需要建立健全工作机制，如制定应急预案、加强值班值守安排等。同时加强领导层的重视和支持，将网络安全保障工作纳入组织整体战略规划中，也是确保网络安全的重要保障措施之一。

为做好重要时期网络安全保障工作，首先需根据国家的工作要求明确重要保障时期的时间和周期，确定并通知全部相关部门和人员重要保障的具体时间段，同时加强组织部署，提高各单位对网络安全保障工作重要性的认识，落实网络安全主体责任，明确职责分工，确保责任、人员和措施到位。在重要时期网络安全保障中，人员是网络安全中非常重要的一道防线，通过持续提醒、培训和教育，提高人员对网络安全的认识和警惕性，使网络安全相关人员能够及时、敏锐地识别潜在的安全风险。

在明确重要保障的时间与周期后，还需要根据重要时期的需求调整网络安全防护策略和信息系统的防护措施，兼顾信息资产的安全性与用户使用的便捷性，确保对外服务网站和办公系统的安全运行。重要时期网络安全策略分级示例表如表 3-10 所示，组织可结合自身网络安全工作的需要进行分级管理。在重要时段，应加强网络防火墙的设置，限制外部访问和流量，阻止潜在的网络攻击。针对重点系统网站按照重保要求分级管理，在安全与便捷之间寻求平衡，既要兼顾网络用户使用的方便，又要守住网络安全与数据安全的底线；同时，根据国家政策、系统用户范围、数据重要性等不断进行调整与完善。

表 3-10　重要时期网络安全策略分级示例表

级 别	访问方式	系统访问限制	网站群后台
一级 （一般）	校园网	无限制	0:00～7:00 关闭 7:00～24:00 开放
	互联网	无限制	不可访问
二级 （重要）	校园网	无限制	0:00～7:00 关闭 7:00～24:00 开放
	互联网	0:00～7:00：VPN、各单位自建网站不可访问；关键业务系统可访问 7:00～24:00：所有网站系统均正常开放	不可访问
三级 （非常重要）	校园网	无限制	申请后开放
	互联网	0:00～7:00：除学校主页外，所有网站、系统均无法访问 7:00～24:00：网站群正常访问，VPN、关键业务系统正常开放，其余系统须经由 VPN 访问	不可访问
四级 （严重）	校园网	无限制	无限制
	互联网	所有网站系统均不可访问	不可访问

重保期前需要对网络安全隐患再次加强全面排查，特别是对使用频率低、长期无更新、无专人运维的"僵尸"信息系统和网站进行重点检查。在重要时期应定期检查和更新软件和系统补丁，修复潜在的漏洞，保证网络的安全稳定。隐患排查包括整治弱密码，检查所有用户密码的复杂度，特别是高权限用户和管理员密码，避免账户被非法利用；对全部信息系统（网站）开展漏洞扫

描，并对发现的潜在威胁及时进行修复；在重要时段，要求员工使用强密码，并启用多因素认证，以加大防护措施，防止密码被猜测或盗用，增强网络的安全性。

在网络安全重要时期，负责人员的值班值守工作应遵循要求，需要执行 7×24 小时值守制度，保持通信畅通，确保一旦发生网络安全事件，能够迅速响应。同时需要落实"零报告"制度，各系统运维部门及时上报当日网络安全情况。同时在重保期的每一天，网络安全责任部门基于当日整体巡检和安全监测情况形成安全巡检日报告，内容参考表 3-11。

表 3-11　安全巡检日报告内容示例表

序号	巡 检 内 容	巡 检 详 情
1	网络安全整体情况	安全设备巡检情况
		网络攻击巡检情况
		邮件系统巡检情况
		重要时期零报告情况
2	网络基础设施运行情况	数据中心巡检情况
		校园网巡检情况
3	公共服务平台运行情况	各校级业务系统巡检情况
4	消防安全情况	办公区域、机房区域等消防巡检情况

5. 开展预防性网络安全与数据安全演练

开展预防性网络安全与数据安全演练是确保网络安全和数据安全的重要手段之一，符合法律法规和监管要求，可验证安全策略和计划的有效性，提高人员的安全意识和技能，识别潜在的安全漏洞和风险，加强团队协作和沟通；加强组织对网络威胁和数据泄露事件的准备和应对能力，确保在真实安全事件发生时能够迅速、有效地响应，从而使潜在损失最小化，并保护组织业务的连续性、数据的完整性和机密性。

参加和开展网络安全攻防演练与应急演练，需要提前制定演练方案。通过演练能够深入了解当前网络安全威胁的严峻形势，学习先进的网络安全防御技术和策略，全面检验内部网络安全防御体系的有效性，及时发现并解决潜在的安全隐患，从而提升网络安全的整体水平，应对日益复杂的网络安全挑战。

6. 定期评估与审查

网络安全管理人员和数据安全管理人员应当定期评估和审查安全策略、技术和流程，不断审视和改进现有的安全措施，及时发现和弥补存在的漏洞和不足，以应对不断变化的网络威胁。同时，应持续跟踪安全技术的发展趋势，积极应用新技术、新方法，提升网络防护水平，加强对各类攻击的防范能力。

网络安全管理部门或人员建立漏洞全生命周期管理方法的目的是从漏洞的发现、报告、修复到验证，全程跟踪漏洞处理的每个环节，保证漏洞能够被及时发现、及时处理，并及时向相关人员反馈处理结果，从而最大程度地减少潜在的安全风险。

7. 开展网络安全培训

网络安全的建设发展离不开对网络安全管理人员的培训。随着网络技术的快速发展，网络安全威胁日益增多，对组织乃至个人的信息安全构成了严重威胁。因此，网络安全培训的作用在当今数字化时代显得尤为重要，具体表现在以下四个方面：

(1) 提高安全意识。培训使网络安全管理人员能够充分认识到网络安全的重要性，提高防范意识，从而在工作中更加注重网络安全。

(2) 掌握专业技能。培训旨在帮助网络安全管理人员掌握网络安全领域的相关知识和技能，包括网络安全技术、安全策略、法律法规等，以便更好地应对各种网络安全威胁。

(3) 应对新型威胁。随着技术的不断进步，新型网络威胁层出不穷，培训可使网络安全管理人员及时了解并掌握应对新型威胁的方法和技能，提高应对威胁的能力。

(4) 提高团队协作。网络安全工作往往需要多部门、多人员协同作战，培训有助于提升网络安全人员的团队协作能力，确保在应对网络安全事件时能够迅速、有效地作出反应。

以高校网络安全培训为例，其对象主要包括学校领导、各二级单位、学校师生。其中，针对学校领导，主要采用网络安全工作会议培训的方式，一般按季度召开，针对当前网络安全形势进行梳理总结，解读最新的网络安全政策和法规，强调学校在网络安全中的责任和义务，并对本年度的网络安全工作进行部署，传达网络安全精神，落实网络安全责任制。

针对学校各二级单位，主要通过线上和线下网络安全管理平日的实操培训、网络安全专家讲座培训、安全意识宣传、考核评估等方式，提升各二级单位的网络安全意识，强化个人和团队的安全意识。其中，实操培训可使网络安全联络员熟悉管理平台的各项功能并掌握日常监控、事件响应和漏洞修复等技能。对网络安全管理平台资源的利用，能够更好地提升网络安全工作效率和效果。同时，网络安全培训可以加强不同部门间的沟通与协作，共同构建一个全面的网络安全防护体系。

对学校师生进行网络安全培训，旨在提高他们对网络安全问题的认识和应对能力。例如，可以开设网络安全课程，通过播放网络安全宣传视频（如图 3-2 所示）等方式让学生在课堂上学习网络安全知识；每年秋季组织开展网络安全宣传周等活动，通过活动现场发放网络安全知识科普手册、陈列宣传海报、开展线下和线上网络知识竞赛等多种活动，普及网络安全知识及各种网络安全防范方法，提高师生网络安全意识和技能水平；在公众号上以推文的形式进行网络安全宣传，如图 3-3 所示，内容包括弱口令的识别与预防、邮件安全使用指南、各类网络安全事件防范方法、信息保护等。此外，还可以联合学校与学院开展网络安全攻防演练，一方面可以让学生直观地了解网络安全的重要性和存在的潜在威胁，从而增强自身的网络安全意识，推动网络安全教育的普及；另一方面有助于培养学生的网络安全兴趣和专业素养，为社会培养更多的网络安全人才。

图 3-2   网络安全宣传视频

图 3-3   网络安全宣传推文

综上所述，网络安全培训可以使网络安全相关人员了解并掌握最新的法律法规要求，确保组织的网络安全工作符合法律法规要求；同时，在专业性方面，网络安全教育能够提高网络安全人员的专业技能和应对能力，有助于提升网络安全人员的安全意识和防范能力，减少因人为因素导致的安全风险，及时发现并处理潜在的安全隐患，降低安全事件的发生概率，从而提供更加坚实的信息安全保障。

3.2.4　网络安全制度汇编与过程性台账记录

1. 网络安全整体顶层制度

为有效应对日益复杂的网络安全威胁与挑战，确保信息系统的安全性、业务的连续性以及数据的保密性，需要制定一系列网络安全顶层制度，这些制度旨在从战略层面统一规划和管理网络安全工作，构建完善的安全防护体系，提升全员的安全意识与责任感，确保在面对安全风险时具备充分的应对和恢复能力。通过网络安全整体顶层制度体系，规范网络安全的管理流程与职责划分，明确各项安全措施的实施路径，形成从上至下的系统化网络安全防护机制，确保在技术防护、数据保护、应急响应等方面的全面覆盖，有利于保障组织信息系统在未来的信息化发展中安全、稳定、高效地运行。本部分制度适用于组织对信息系统安全相关的全局性管理的基础制度，全体人员均应普遍遵守。以下是部分高校网络安全整体顶层制度的内容与要求。

1) 成立网络安全与信息化领导小组

明确成立领导小组是为了加强学校的网络安全和信息化工作，提高学校信息化水平，确保网络的安全稳定。其主要职责是规划学校网络安全和信息化工作；审议和决定网络安全和信息化工作的重大事项；协调解决网络安全和信息化工作中出现的问题和困难；加强对网络安全和信息化工作的宣传和培训，提高全校师生的网络安全意识；定期召开领导小组会议讨论和决议网络安全与信息化相关工作，并建立网络安全和信息化工作的信息通报和共享机制。

2) 制定网络与信息安全应急手册

制定网络与信息安全应急手册的目的是加强网络安全工作，及时掌握和处置各类网络安全事件动态，协调各部门做好应急响应处理工作，逐层落实责任，有效预防、及时控制和最大限度消除信息安全各类突发事件的危害和影响，维护学校的正常工作与教学秩序，营造健康的网络环境。此外，通过建立网络与信息安全突发事件应急处置领导小组，并针对信息内容安全事件、网络攻击事件、病毒暴发事件、钓鱼邮件事件、敏感信息泄露事件制定相应的处置操作流程。

3) 制定网络与信息安全工作管理相关文件

制定网络与信息安全工作管理相关文件的目的是强化网络与信息安全管理，保障学校网络与信息系统安全稳定地运行，提升防范安全风险的能力和管理水平，保护学校和师生各类信息安全。该管理办法明确了各单位信息化职责分工，规划建设学校的信息化建设和运维管理事项，细化了网络接入和用户管理细则。

4) 制定信息化工作管理相关文件

信息化工作管理相关文件主要内容包括审议信息化发展的中长期规划与经费预算；审议网络安全与信息化工作规章制度；研究推进信息化工作进程中各单位的责任分工、资源分配以及考核机制；定期对信息化工作的重点难点和政策性问题进行决策。

5) 制定信息化项目管理办法

制定信息化项目管理办法的目的是从信息化申报与立项、项目管理、项目运行维护及管理三大方面对信息化项目进行明确管理，进一步推进信息化工作，促进信息化事业持续健康协调发展，全面提高信息化建设水平和质量，实现信息化项目的科学、规范、高效管理。

6) 制定网络与信息安全应急预案

制定网络与信息安全应急预案的目的是提高处置网络安全事件的能力，形成科学、有效、反应迅速的工作机制,确保学校网络基础设施及重要信息系统的实体安全、运行安全和数据安全;建立突发事件应急处置领导小组,明确各组织机构职责,完善事前、事中、事后的处置流程,并对网络与信息安全事件分类采取不同应急处置方式和策略。

7) 制定数据安全事件应急预案

针对数据安全事件制定应急预案,其目的是提高应对数据安全事件的应急处置能力,预防和减少数据安全事件造成的损失和危害,全面提升数据安全事件应急管理水平,保障数据资产安全和人员合法权益。其内容包括成立数据安全事件应急响应领导小组,明确数据安全事件应急处置流程,当发现核心数据库数据或业务系统大规模被篡改后,立即报送数据安全事件应急响应领导小组,应急响应领导小组指定数据库管理员或运维人员进行检查确认,并启动应急预案,暂停相关业务服务,通知相关业务部门,并开展一系列后续应急工作。

8) 制定网络安全责任制考核评价规定

制定网络安全责任制考核评价规定的目的是明确网络安全责任主体,落实网络安全责任制,确定网络安全负责人(第一责任人)、网络安全分管领导和网络安全联络员并报网信领导小组;制定网络安全责任制考核规范,建立考核指标体系,每考核年度将按照当年的考核标准为各单位或部门打分,年底进行考评汇总。

2. 部门网络安全制度

在建立网络安全整体顶层制度后,网络安全管理部门也需要建立针对性的部门网络安全制度,确保能够安全、高效地开展工作。这些制度旨在明确网络安全管理部门对各部门在网络安全管理中职责和义务的要求,强化跨部门的协作与安全意识,推动安全管理工作的落实与持续改进。制定部门网络安全制度的核心目的是通过细化各部门的安全责任分工,帮助各部门理解和执行与其相关的网络安全管理要求，规范日常操作中的安全行为，防范潜在的网络威胁与风险，确保系统使用、数据保护等环节的无缝衔接，从而形成全局性的网络安全防护网。本部分制度适用于网络安全管理相关责任部门的日常管理，为信息安全管理中的技术类管理制度。以下是部分部门网络安全制度的内容与要求。

1) 二级域名管理办法

建立二级域名管理办法的目的是规范二级域名的使用和管理，保障网络的安全和稳定运行，促进信息化建设的健康发展。该办法的内容包括指定信息化运维部门（或类似机构）负责二级域名的统一规划、分配和管理，明确其主要职责是制定二级域名使用和管理规定、审核二级域名的申请和变更、监督二级域名的使用和管理情况、处理与二级域名相关的投诉和纠纷。

2) 新建系统网络安全要求

明确新建系统的网络安全建设要求，对新建系统和信息资产建设内容的安全方案、等级保护测评工作、认证和密码强度安全合规、认证与授权、数据对接、安全性测试等方面提出了明确的要求，有利于确保新建系统的网络安全和数据安全，从源头上加固整体安全防护堡垒。

3) 网络安全防护设备管理制度

制定网络安全防护设备管理制度的目的是规范安全设备的运行管理，保障网络的安全运行和信息系统的正常使用。网络安全防护设备管理制度的内容主要包括安全设备配置管理、安全隐患管理、网络访问控制、网络流量监控的备份和恢复等。组织的信息部门需要明确专业技术人员负责安全设备的日常维护和管理，并要求其他各部门遵守安全设备管理制度。

4) 数据资源管理办法

制定数据资源管理办法的目的是规范数据资源的组织、存储、检索、利用和保护过程，确保数据资源以高效、合规、安全的方式进行管理，以满足用户需求并保护数据资源的价值。该管理办法需要依据合规性原则、共享开放原则、依法管理原则、保障安全原则，明确数据资源管理部门和使用部门的职责，对数据资源管理流程进行规范管理，并建立相关安全管理机制对数据资源安全进行严格管理要求。

5) 生物特征相关数据管理办法

制定生物特征相关数据管理办法的目的是规范用户生物特征相关系统的运行管理，保护个人信息安全和隐私，确保生物特征识别技术的合法、正当应用等。其主要内容包含明确系统管理责任，规范系统建设与管理，强调技术应用与管理，加强信息安全与隐私保护，建立监督与检查机制。

6) 机房管理制度

制定机房管理制度的目的是科学有效地管理数据中心和计算机机房，确保机房设备的安全运行，提高机房使用效率。该文件明确规范了机房管理人员和用户行为准则与注意事项，对违规行为和操作明确了处理办法。

7) 网络安全监测与处置办法

制定网络安全监测和处置办法的目的是加强和规范网络安全威胁监测与处置工作，消除安全隐患，制止攻击行为，避免危害发生，降低安全风险，维护网络秩序和公共利益。其主要内容包括明确网络安全监测方法，如实时监控网络流量、系统自身监测、入侵检测、恶意软件监测等，同时规范网络安全事件处置办法，包括及时发现、科学认定、有效处置的流程。

8) 网站建设与管理办法

根据国家相关法律法规和政策制定网站建设与管理办法的目的是通过规范网站建设要求，加强网站管理，确保网站安全、稳定、高效地运行；强调网站建设与管理遵循公开、公平、公正的原则，充分发挥网站作为信息发布、服务交流的作用，为网站用户提供优质、高效的服务。

9) 网络基础设施建设与管理相关办法

制定网络基础设施建设与管理相关办法的目的是加强校园网络基础设施建设与管理，确保校园网络的稳定、高效、安全运行，为师生提供优质的网络服务。其内容主要涉及网络基础设施建设，包括网络交换设备、服务器、路由器、防火墙等硬件设备的采购和安装，配备调温、调湿、稳压、接地、防雷、防火、防盗等设备；完善校园网络基础设施管理，建立完善的网络安全策略，建立监督与检查机制。

10) 虚拟服务器使用规章制度

制定虚拟服务器使用规章制度的目的是规范虚拟服务器的使用和管理，确保服务器资源的有效利用，提高信息化服务水平。其内容主要包括规范虚拟服务器的申请与审核，明确虚拟服务器的使用与管理，制定虚拟机的安全策略包括虚拟机的访问权限、防火墙设置、安全补丁等，落实安全培训教育。

11) 网络安全管理部门运维管理制度

网络安全管理部门需要制定本部门的安全管理制度，目的是确保学校网络安全管理部门的稳定运行，保障学校教学、科研和管理的信息化需求。其内容主要包括落实网络及其安全运维职责，定期对网络设备进行巡检，及时修复故障设备，保障网络的正常运行，完善并严格遵守工作要求及操作规程，加强网络安全及数据安全管理，防止网络攻击和恶意软件侵扰，并确保数据的安全性和完整性。

3. 网络安全台账及过程性文档

为保障网络安全管理工作的可追溯性、规范性和有效性，确保各项安全措施和管理要求能够得到全面、准确的执行与监督，组织应制定一系列网络安全台账及过程性文档，旨在详细记录网络安全管理的各项流程、活动及其执行情况，形成完善的安全管理闭环，为日常运维、安全审计、问题排查和责任认定等提供重要依据。网络安全台账与过程性文档不仅能够帮助各级网络安全管理人员实时掌握网络安全管理工作的进展情况，还能确保安全事件发生时有据可依，快速定位问题，提升应急响应和决策的效率。

本部分记录文件是印证单位发文、部门发文得到落实的客观记录，是信息安全管理制度体系中的重要内容，有利于各部门、各岗位的网络安全管理人员在实际操作中能够全面、规范地完成相应的记录与维护工作，进一步提升整体的网络安全管理水平。

1) 表单模板

(1) 网络安全考核表。

网络安全考核表模板包括安全意识培训情况、漏洞管理、应急响应能力、安全事件处理、技术防护措施等多个方面的评估项目，旨在系统性地评估和监控组织的网络安全水平和应对能力。定期填写和评估网络安全考核表，可以帮助组织全面了解其网络安全现状，发现和解决潜在安全风险，提升人员的安全意识和技能，从而有效预防和应对网络安全威胁，保障信息系统和数据的安全性和稳定运行。

(2) 信息资产自查漏洞台账。

信息资产自查漏洞台账包括 IP 地址、URL/ 域名、漏洞来源、负责人、漏洞描述、漏洞等级、检测状态、修复日期等内容。这些信息有助于系统化地记录和跟踪信息系统中的安全漏洞，明确每个漏洞的具体情况、检测和修复的责任单位及时间，确保漏洞溯源时能被及时发现和修复，从而提升信息系统的安全性和威胁的可溯源性。

(3) 重要时期值班表。

重要时期值班表包括序号、值班日期、值班时间、值班人员、联系方式、带班领导信息、备注等内容。这些内容有助于明确责任人，提高组织的应急响应能力，便于管理和监督，保障业务的连续性，从而确保组织在重要时期的工作顺利进行和突发事件的及时处理。《重要时期值班表》如表 3-12 所示。

表 3-12　重要时期值班表

填报单位（盖章）：　　　　　　　　　　　　　填报时间：　　　年　　　月　　　日

值班起始日期	值班终止日期	值班人员	联系电话		带班领导	联系电话
			办公电话	手机		

(4) 网络安全自查情况表。

网络安全自查情况表包括以下内容：自查日期、检查范围、发现问题、问题描述、整改措施、整改负责人、整改期限和备注等。这些内容有助于系统化地记录和跟踪网络安全自查过程，明确检查范围和发现的问题，描述问题的具体情况，制定相应的整改措施，明确整改责任人和整改期限，并记录其他相关事项，确保网络安全自查的全面性、责任明确性和整改的及时性，从而有助于提升网络安全管理的有效性。

(5) 信息资产网络安全检测表。

信息资产网络安全检测表包括对网络设备、服务器、应用程序等关键资产的安全性进行全面评估，包括但不限于漏洞扫描、配置审计、安全基线检查、日志审计、数据流量分析等多个方面内容。这些检测项旨在发现并修复系统和应用程序中存在的安全漏洞和配置问题，帮助组织及时识别和应对潜在的安全威胁，从而加强信息资产的防护措施，保障其安全性、完整性和可用性，提升整体网络安全水平。

(6) 网站安全隐患处置结果反馈表。

网站安全隐患处置结果反馈表包括网站名称、网站域名、网站 IP、单位名称及负责人信息、管理员信息、服务器物理地址、操作系统 / 版本、网站应用范围、系统研发单位及时间、中间件 / 版本、数据库 / 版本、开放端口

号 (TCP/UDP)、处置结果、处置时间、处置记录 / 问题原因以及填表人信息
等内容，如表 3-13 所示。这些内容能详细记录和反馈网站安全隐患的处置情
况，确保问题得到及时有效的处理，并提供必要的联系信息以便进一步跟进
和沟通。

表 3-13　网站安全隐患处置结果反馈表

网站名称		网站域名	
网站 IP		单位名称	
单位负责人		单位负责人联系电话	
管理员		管理员电话	
服务器物理地址		操作系统 / 版本	
网站应用范围		互联网□　校内网□　专网□	
系统研发单位		系统研发时间	
中间件 / 版本		数据库 / 版本	
开放端口号	TCP		
	UDP		
处置结果		处置时间	
处置记录 /问题原因			
填表人		联系电话	

(7) 漏洞台账。

漏洞台账是用于系统化记录和管理信息系统中漏洞的重要方法，包括漏洞
的详细信息，如来源、分类、等级、下发日期、负责人、修复状态和反馈情况
等内容，如表 3-14 所示。它的作用在于帮助组织全面识别和评估信息系统的
安全风险，指定责任人跟进漏洞修复的进度，提升安全管理效能，以确保信息
系统的持续安全性和稳定运行。

表 3-14　漏 洞 台 账

序号	网站、系统名称	二级部门	URL/域名	IP地址	漏洞来源	WEB/主机漏洞	漏洞分类	漏洞名称	漏洞等级	下发日期	负责人	是否修复	反馈时间	站点状态

(8) 渗透测试台账。

渗透测试台账扮演着记录和管理每次渗透测试关键数据的角色。其中应包括测试对象的详细信息，如名称、部门、URL/域名、IP地址、测试原因、发现的漏洞数量及其通报情况、测试日期以及是否进行了复测等信息，如表 3-15 所示。这些信息的记录和分析，有助于组织评估信息系统的安全性，及时发现潜在风险并采取适当措施加以修复，从而提升整体信息安全防护水平和应对能力。

表 3-15　渗透测试台账

序号	网站、系统名称	二级部门	URL/域名	IP地址	测试原因	发现漏洞数	通报漏洞数	测试日期	复测日期（是否复测）

2) 过程性文档模板

(1) 个人信息使用协议。

个人信息使用协议明确了个人信息收集、使用、存储和保护的具体规定，包括信息的收集目的、使用范围、保密措施、数据安全措施、信息共享与披露规定、用户权利保护等内容。制定该文件的目的在于规范个人信息的合法、安全、透明使用，保障用户的隐私权和数据安全，同时遵守相关法律法规，建立信任关系并降低信息泄露风险。

(2) 网络安全运营报。

网络安全运营报包括以下内容：攻击概况、攻击类型分布、攻击源地域分布、被攻击最多的系统情况、恶意 IP 地址封禁情况、文件检测情况等。这些信息有助于组织全面监控和分析网络安全状况，及时识别和响应潜在威胁，优化安全防护措施，保障网络在重要时期的稳定与安全运行。

(3) 安全稳定工作日报。

安全稳定工作日报包括网络安全、基础设施运行、公共服务平台及消防安全等方面的巡检和情况汇报等内容。制定该文件的目的在于及时记录和通报各项安全工作的执行情况和结果，帮助管理人员和相关部门了解当前网络安全状态，及时发现和解决潜在问题，确保网络和设施运行的稳定和安全性，保障网络环境及其成员的安全。

(4) 网络安全攻防演练方案。

网络安全攻防演练方案内容包括演习说明 (包括参演系统、演习时间、组织形式、联络机制)、演习过程 (包括准备阶段、实战阶段、总结阶段)、评分标准与演习要求 (包括攻击评分标准、攻击行为规范、其他演习要求) 和附件等。根据这些内容有助于全面系统地组织和执行演练，确保各环节有序进行，明确职责和评分标准，提升参演人员的实战能力和应急响应水平，增强整体网络安全防护能力，及时发现和修补系统漏洞，提高系统抵御实际攻击的能力。

(5) 网络安全应急演练方案。

网络安全应急演练方案包括演练目的、原则、依据、类型、组织结构 (包括领导小组、应急响应组、技术组)、演练准备 (包括时间、地点、内容、器材、时间表、评分标准)、实施流程 (包括通知、执行步骤、记录、结束) 以及总结与评估等内容。这些内容有助于系统化组织和执行应急演练，提升应急响应能力，有效应对网络安全事件，加强团队协作和反应速度，确保网络系统的持续稳定和安全运行。

(6) 钓鱼邮件演练方案。

钓鱼邮件演练方案包括发件人名称、邮件主题、邮件内容、附件或链接信息、模拟攻击目的及预期反应等内容。制定该文件旨在通过模拟真实的钓鱼邮件攻击，提高员工警惕性和识别能力，提升组织的安全意识和应对能力。演练不仅有助于员工在面对潜在安全威胁时做出正确的反应，也能帮助改进安全政策和培训计划，从而有效减少实际安全事件的发生概率。

(7) 网络安全责任书。

网络安全责任书通常包括以下要素：明确责任期限、确立责任目标、规定具体的工作责任，如遵守相关法律法规和学校网络安全管理制度、建立完善的安全机制和应急响应流程、进行安全监测和防护、管理数据安全等。制定该文件旨在强化网络安全管理，确保信息资产的安全可靠，提升全体成员的网络安全意识和应对能力，为组织应对各类网络安全威胁提供法律和制度上的支持和保障。

(8) 网络安全自查报告。

网络安全自查报告是为了系统性地评估和管理组织的网络安全状态而设计的文件，其内容包括单位基本信息与自查时间、详细描述网络安全基础设施和策略、对自查过程和方法的概述以及自查结果 (包括发现的安全漏洞类型、等级评定、影响分析及建议的修复措施)。依据该报告有助于帮助组织的信息资产运维部门及时发现和解决潜在的安全风险，提升信息系统的整体安全性和可靠性，确保符合法律法规和内部管理要求，保障信息资产的安全与稳定运行。

(9) 网络安全隐患整改报告。

网络安全隐患整改报告是对网络安全隐患通报后的整改反馈和总结，内容包括对被通报资产的功能、责任部门、安全防护措施的说明，详细分析隐患及事件的原因和损失情况，具体阐述针对每个隐患的整改措施、扩展排查情况和整改效果评估，提出后续安全管理工作计划和指定安全管理应急联络人。依据该文件内容有助于组织及时发现和解决安全隐患，提升信息系统的安全性和稳定性，同时确保符合法规要求和内部管理标准。

(10) 漏洞扫描报告。

漏洞扫描报告应该详细记录对网络资产的扫描情况，内容包括扫描对象的具体范围和时间；探测到的各类漏洞详细信息，如 WEB 漏洞和主机漏洞的数量、等级及具体描述；漏洞的位置截图以及针对每个漏洞的修复建议等。依据该文件内容可以帮助管理者全面了解网络安全风险，及时采取修复措施，提升系统的安全性和稳定性，确保信息资产免受攻击和损害。

(11) 漏洞通报模板。

漏洞通报模板的作用是告知信息资产运维部门漏洞的具体信息，如名称、等级评估、漏洞描述及潜在影响、漏洞位置的详细描述或截图、修复建议、漏洞影响评估等。网络安全管理部门应提供漏洞反馈表，便于信息资产运维部门在漏洞处理完成后进行反馈，确保漏洞修复过程的跟踪和记录，有针对性地加固安全防护，进一步增强安全事件的处置效率与透明度，以应对潜在的网络安全威胁和风险。

(12) 渗透测试模板。

渗透测试模板包括测试范围与目标、测试方法与工具、测试步骤与执行过程、发现漏洞及其详细描述、漏洞等级评定、修复建议、测试结果汇总与报告等内容。依据该文件有助于组织系统化地进行安全评估，通过模拟真实攻击手段，发现系统或应用中的安全漏洞并提供修复建议，从而帮助组织提升信息系统的安全性和抵御风险的能力。

(13) 设备运行状态巡检情况报告模板。

设备运行状态巡检情况报告模板包括设备基本信息、巡检时间及周期、巡检内容与方法、发现问题及异常情况、处理措施和结果记录、设备运行截图等内容。依据该文件有助于组织了解监控和评估设备的运行状况，及时发现和解决潜在问题，确保设备稳定运行，提升工作效率和服务的可靠性。

3.3　信息化在安全策略管理中的应用

信息化的蓬勃发展给网络安全工作带来了新的挑战，但与此同时，信息化的广泛应用也为网络安全管理工作提供了新的管理思想与手段，使网络安全管理工作更加全面和高效。信息化手段对网络安全管理工作起到的作用主要体现在以下几个方面。

1. 辅助工作合规性

在网络安全工作要求愈发加强的环境下，信息化手段可以帮助跟踪网络安全工作的合规性状态，简化合规性管理。例如，自动化审计工具 (能够自动收集、分析、评估并报告网络安全和合规性状态的软件系统)、风险评估工具 (用于帮助组织识别、评估和管理网络安全风险，通常通过一系列问卷、模板和算法来量化风险) 都可用来检查网络安全措施与工作的合规性，以满足网络安全的监管要求，同时也可利用信息化手段自动生成网络安全相关报告与台账，通过定期报送与检查完善安全工作的闭环机制。

2. 高效处理数据与任务

现代网络环境的规模和复杂性不断增加，传统的手工管理方法难以应对。信息化手段可以自动化处理大量数据和任务，提高管理效率，使用自动化工具来执行常规的网络安全任务，如自动化工具和脚本 (用于执行重复的、烦琐的网络安全任务，如扫描漏洞、更新补丁、监控网络流量等) 可以快速响应安全事件,比如自动隔离受感染的系统,或者自动更新防火墙规则来阻止恶意流量,同时也可以自动扫描系统漏洞、自动修补软件漏洞等,将网络安全风险降至最低。

　　网络安全管理需要对大量的网络数据进行分析,比如实时分析网络流量和用户行为,收集、分析和报告来自不同安全设备的日志信息,快速识别和响应安全事件。信息化手段通过利用数据分析(用于处理和分析大量的网络数据,以识别异常行为、潜在威胁和模式)和机器学习技术(通过训练算法从数据中学习并识别异常行为和潜在威胁),可以提高威胁检测的准确性,帮助组织提前采取预防措施。例如,高校通过使用舆情预警工具,可以实时检测互联网上有关学校的相关信息,一旦出现负面信息,就可及时通知相关单位,给降低舆情风险争取了时间。

3. 提供实时监控与处置

　　网络安全威胁是实时变化的,需要实时监控和快速响应。信息化手段可以提供实时监控和即时报警,帮助网络安全管理人员及时了解安全状况并采取行动。例如,通过自动化安全信息和事件管理系统(用于收集、存储、分析和报告来自不同安全设备和系统的日志信息,以提供对安全事件的全面可见性),一旦检测到可疑活动或安全事件,可以立即发出警报并通知网络安全管理团队。

4. 优化资源

　　利用信息化手段可以更有效地分配和管理网络安全资源,如人员、设备和预算,确保资源得到最佳利用。例如,网络资源监控平台(用于监控组织网络中的资源使用情况,如带宽、服务器负载、存储利用率等)可实现实时的资源使用状态监控,确保资源得到合理分配和使用,及时发现并解决资源瓶颈问题;决策支持系统(使用数据、模型和算法来辅助决策者进行决策,在网络安全领域,它可能基于历史安全事件、威胁情报等数据提供资源分配建议)利用信息化手段提供决策支持,帮助管理层基于数据作出更合理的资源分配决策,尤其在灾难恢复与业务连续性方面,可通过信息化手段制定和测试灾难恢复计划,确保资源在紧急情况下得到合理分配。信息化手段也可以提供持续的性能监控和反馈,帮助组织不断改进网络安全管理流程和策略,同时也可以辅助组织制订和实施灾难恢复计划,确保在发生网络攻击或故障时能够快速、有序地恢复业务。

5. 远程操作和跨地域管理

信息化管理平台(即一个集成化的系统,用于管理组织的信息化资源、流程和数据,在网络安全领域,包括安全管理、事件管理、合规性管理等模块)可将线下、纸质流转的工作过程和文档等放到线上进行实时高效的流转,这不仅提升了管理工作的效率,也保证了每个节点的责任明确清晰、记录完整,实现了网络安全运营工作的全流程闭环管理。同时,许多组织都存在跨地域运营的情况,信息化手段支持远程管理和协作,确保不同地点的网络安全措施的一致性和有效性。

6. 共享知识

网络安全是一个快速发展的领域,需要不断更新知识和技能,信息化手段支持知识共享和培训,提高组织的安全意识和能力。在高校工作中,可以利用知识共享平台来提高师生的网络安全意识和技能,建立行业间共享的漏洞和安全威胁检测与通报平台,实时分享新的安全漏洞与威胁。目前,国内已有很多漏洞或安全威胁库,其分享的信息帮助很多高校提前预判安全风险,并及时采取防护措施,减轻损失,比如教育漏洞报告平台。

总之,信息化手段为网络安全管理工作提供了强大的支持,帮助组织更有效地应对日益复杂的网络安全挑战。

3.4　网络安全管理的相关辅助平台

网络安全已成为各类组织运营的核心保障之一。随着信息技术的广泛应用,网络威胁与攻击手段变得愈发复杂和多样化，如数据泄露、勒索软件攻击、APT(高级持续性威胁) 等事件频繁发生，给各行各业带来了巨大的经济损失与信任危机。面对日益严峻的网络安全形势，传统的安全防护措施和管理方式已经难以满足复杂环境下的需求，网络安全运营管理的难度和复杂度显著提升。

为应对这些挑战，网络安全管理的相关辅助平台应运而生。这些平台集成了先进的技术手段，如大数据分析、人工智能、自动化防护等，提供从安全监测、风险评估到事件响应的一站式解决方案。通过这些平台，能够帮助组织实现对网络安全威胁的全方位可视化，实时掌控安全态势，快速响应并解决潜在风险。网络安全管理辅助平台不仅提升了网络安全管理的效率，还大幅度降低了人为错误的风险，使得网络安全管理更加智能化、系统化，为组织的信息系统在复杂多变的网络环境中提供了有力保障。

以下是一些常用的高校网络安全管理辅助平台介绍。

1. 网络安全管理平台

这类平台通常用于集中管理网络安全相关的任务，包括网站和业务系统的登记备案、安全检测、风险识别、响应处置等。

如图 3-4 所示为网络安全工作管理平台的资产统计模块，该模块可帮助管理人员快速了解现有信息资产的数量、分类等信息。网络安全工作管理平台的考核管理模块如图 3-5 所示，它可以帮助管理人员快速掌握各二级单位的网络安全工作和考核情况。

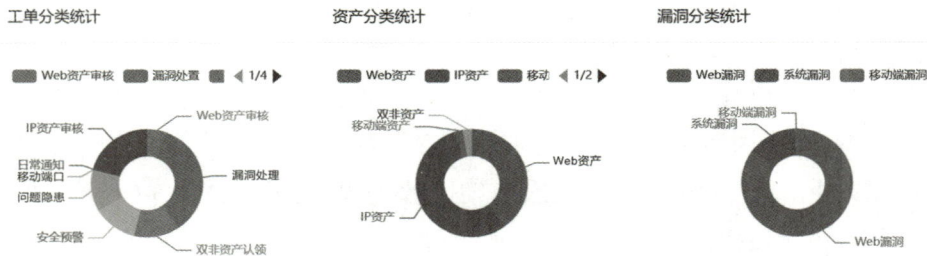

图 3-4　网络安全工作管理平台—资产统计

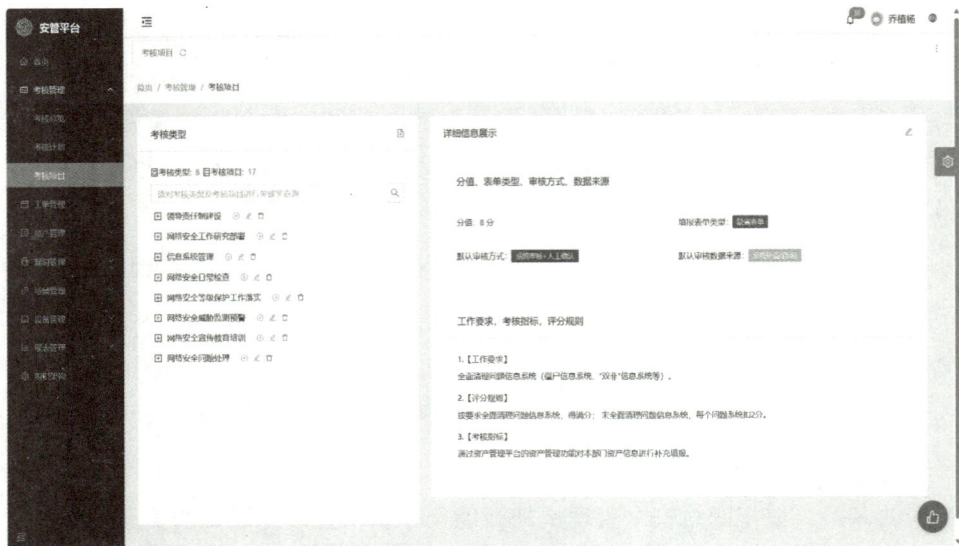

图 3-5　网络安全工作管理平台—考核管理

2. 安全态势驾驶舱

安全态势驾驶舱也称网络安全态势感知平台，用于收集和分析网络流量数据及安全设备、网络服务日志数据，通过构建安全分析模型，对网络安全情况进行分析、发现和感知预测网络安全隐患，从而实现及时处置和阻断网络攻击与威胁。

3. 数据安全资产管理平台

数据安全资产管理平台专注于数据安全管理，能够帮助高校识别、分类和保护敏感数据，防止数据泄露和滥用。

4. 流程平台

流程平台用于规范和自动化网络安全相关的工作流程，比如事件响应流程、安全策略更新流程等，能够有效提高管理效率和响应速度。如图 3-6 所示，安全管理平台的工单管理模块可帮助管理人员在线进行高效的安全工作，实时流转材料与流程。

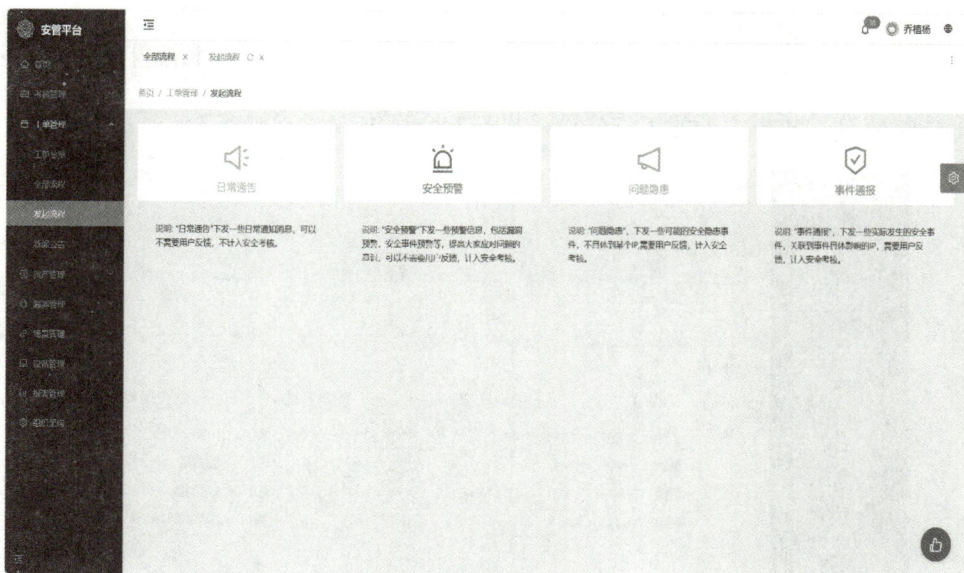

图 3-6　安全工作管理平台—工单管理

5. 身份认证与访问管理平台

身份认证与访问管理平台提供强大的身份认证服务，确保只有授权用户才能访问敏感资源，并进行访问控制，如图 3-7 所示。

图 3-7　身份认证与访问管理平台

6. 安全自动化和响应平台

安全自动化和响应平台可以自动地执行安全任务，如漏洞扫描、威胁检测、事件响应等，减少人为的工作失误，提高安全运维效率，如图 3-8 所示。

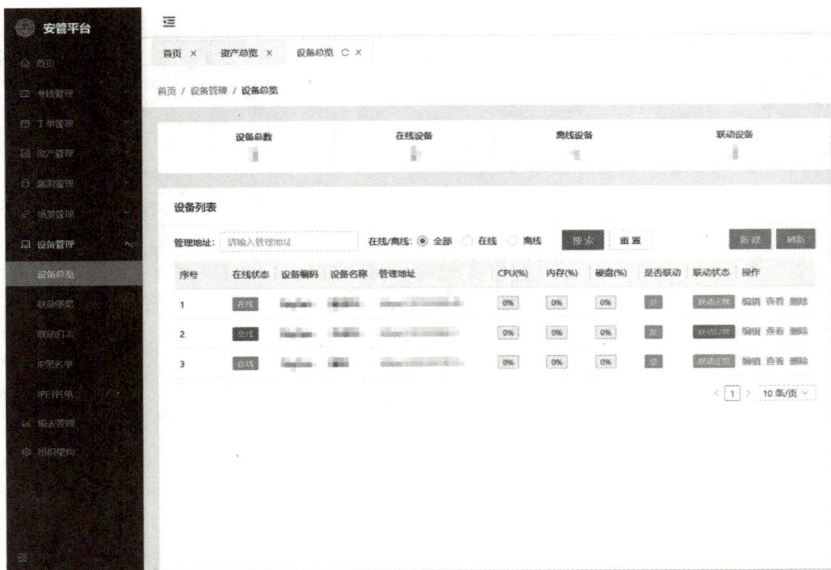

图 3-8　安全自动化和响应平台

7. 网络安全教育与培训平台

网络安全教育与培训平台提供网络安全课程、培训、测试等资源，以帮助平台用户了解和应对网络安全威胁。通过学习网络安全知识与掌握必要的技能，用户能够实现个人网络安全意识的大幅提升，从而降低由于人员网络安全意识不足导致网络安全事件的发生概率。

随着信息化的不断深入和网络设备、信息载体的不断更新，除了上述网络安全相关的信息化辅助平台以外，云安全管控、移动设备管控、供应链安全管理等新兴需求也在持续进入网络安全管理的领域。信息化持续发展和变化促使信息化安全管控平台不断更新，网络安全相关的信息化工作更需要随时关注最新的安全与技术发展趋势，建立能够随时变化和调整的工作机制，这样才能够更有效地应对瞬息万变的网络安全形势。

第 4 章　网络安全威胁与应对处置

网络安全威胁是指任何可能对网络系统的机密性、完整性、可用性造成损害的行为或事件，可能来自黑客攻击、恶意软件、内部泄密、自然灾害等方面，这些网络安全威胁的存在会导致数据丢失、服务中断、财务损失、信誉损害等后果。网络安全风险是指网络安全威胁利用系统脆弱性造成损害的可能性及其影响的严重性。规避或减轻网络安全威胁、减小系统脆弱性，可将网络安全风险最小化，从而保障组织的网络安全。

本章重点介绍网络安全面对的威胁，主要包括物理与环境安全威胁、业务系统安全威胁、社会工程学攻击以及相关威胁的应对处置，并介绍网络安全事件的定义，以及网络安全组织架构与应急响应流程。

4.1　物理与环境安全威胁

4.1.1　机房安全概念

机房安全是指通过一系列技术手段和管理措施，保护机房内的设备、数据和人员免受各种威胁和危害，确保机房的正常运行和信息系统的安全。作为关键的信息基础设施，机房的安全性至关重要，其核心目的是保障机房内设备的物理安全、设备内存储的数据完整性和保密性以及人员的安全。

4.1.2　常见机房安全类型及潜在威胁

1. 电力安全隐患及威胁

机房的电力隐患故障主要分为市电故障和电力设备故障。市电故障可能导致机房断电，致使设备停止工作并造成数据丢失；电力设备故障主要指由于不间断电源设备 (Uninterruptible Power Supply，UPS) 或备用发电机故障导致电力供应中断，影响机房正常运行的故障。

下面以两个典型案例来说明机房电力安全隐患可能造成的严重危害与损失。

1) 某银行中心机房发生断电事故造成业务中断

某银行中心机房接连发生两次断电事故，分别造成业务中断 45 分钟和 14 分钟。经调查发现该中心机房存在以下多处电力安全隐患：

(1) 机房 UPS 系统为一主一备供电模式，其中 UPS 主机异常，在主路输入停止，电池放电完毕后自动切换旁路失败，导致 UPS 备机供电无法送至负载；

(2) UPS 电池损坏，其中 UPS 主机电池几乎完全失去功能，在输入熔断器烧坏后无法支持 UPS 继续供电；

(3) 机房存在鼠患，在 UPS 输入配电柜开关上发现老鼠尸体；

(4) 机房强电布线非常不规范，从机房配电柜至供电开关间布线凌乱；

(5) 断电发生时，给机房供电的两路市电其中一路变压器掉了一相电，同时 UPS 主机烧坏了一个输入熔断器。

2) 运维人员操作不当引发大范围停电事故

某变电所的值班员在对设备维护的过程中，当使用毛刷清扫 2# 交流盘上的 11# 备用空气开关电源侧时，由于操作不慎，毛刷的金属部分意外与空气开关的电源接线端子接触，造成了设备内部的短路。这一短路事件直接导致了 2# 交流盘上的 11# 空气开关严重损坏，同时盘面也遭受了损坏。事故进一步引发了直流盘的交流失压，导致整个变电所停电长达 4 小时 28 分钟，直接导致大范围的停电事故。

通过有效的电力管理和隐患排查，能够确保关键设备持续、稳定地运行，避免因电力故障引发的设备损坏、数据丢失或业务中断。此外，消除电力隐患也有助于提升机房的能效，减少电力浪费，实现资源的最优利用。这不仅符合节能环保的趋势，同时也确保机房管理在信息安全、业务运营方面满足相关法律法规和行业合规要求。

2. 消防安全隐患及威胁

机房内电源、电线、设备等数量较多，长时间通电和运行可能导致电气线路短路、过载或接触电阻过大等问题，同时电源线路、开关装置、线缆接头的不规范安装和老化问题均有增加机房消防安全风险的可能。在这些线路问题的基础上，如果存在机房装修材料不合规、易燃易爆物品杂乱堆放、消防设施使用不当等情况，将进一步增大火灾风险，轻则导致设备损坏或断电，重则导致敏感数据丢失和人员伤亡。

下面以机房火灾造成网络崩溃事件为例说明机房消防安全的重要性。

某高校网络数据中心机房管理员未按消防安全要求管理机房，导致了一起严重的火灾事故。经查，起火原因是机房内的一台老旧服务器由于长期过载运行，散热不良，内部温度过高，最终引发了火灾。该火灾致使机房直到次日早上 8 点左右才恢复运行。这不仅影响了该校的校园网使用，而且由于该机房是多所高校的校园网上游节点机房，因此导致其下游多所高校的网络服务崩溃，造成了极大范围的影响。

通过有效的消防隐患排查与防范措施，可以大幅降低火灾风险，确保机房环境的安全稳定，防止因火灾事故带来的重大损失，保护财产与生命安全，并为机房的长期安全运维提供坚实保障。

3. 防盗安全隐患及威胁

未经授权的人员进入机房可能致使环境、线路、设备被人为破坏或者被盗，导致设备停止运行或数据丢失等严重后果，消除机房防盗安全隐患对于保护关键设备、数据安全以及组织资产至关重要。通过有效的防盗措施，如安装安防系统、严格管理人员进出以及定期安全检查等手段，能够大幅降低机房的安全风险，确保信息资产的完整性。

4. 环境安全隐患及威胁

在物理与环境安全中，机房的湿度、温度等环境维护也必不可少。例如，水灾可能导致设备短路或受潮损坏；温度过高或湿度过低可能导致设备过热、短路或性能下降；灰尘和虫害可能导致设备内部污染，影响设备的正常运行；雷电可能通过电力线或其他导电物进入机房，导致设备损坏或数据丢失；甚至机房设备运行产生的噪音可能影响工作人员的健康和工作效率，间接导致机房出现运维故障。

通过对温湿度等环境安全隐患的排查和治理，保障了机房设备运行环境的安全可靠，减少了因环境问题导致的停机或损坏的风险，延长了硬件使用寿命，从而也保障了数据的安全性与系统的运行连续性，避免因物理损害引发数据丢失或泄露，或导致业务中断，从而为长期的业务扩展和信息系统建设运维打下坚实的基础。

4.1.3　机房安全防范措施

1. 电力安全措施

在数据中心机房的设计规范中，A 类机房的供配电要求为双重电源供电，每一路市电电源的供电容量应能满足包括 UPS 电源系统、机房精密空调、机房照明及建筑设备中的全部一、二级负荷的需求。机房两路市电电源的供电容量应为全冗余，正常时应同时供电运行，两路电源在负荷设备输入端可实现自动切换，当一路市电出现故障时，另一路市电能承担机房所有负载电量。配电系统还需设置备用电源，且备用电源宜采用独立于正常电源的柴油发电机组，当正常电源发生故障时，备用电源应能承担数据中心机房正常运行所需要的用电负荷。

1) 市电接入冗余

机房应从不同的变电站接入两路市电，确保当一条市电线路发生故障时，另一条线路能够继续供电，从而保证机房电力供应的连续性。在接入两路市电的基础上，还应安装自动切换开关 (Automatic Transfer Switch，ATS)，当一路市电线路发生故障时，ATS 能自动切换到备用市电线路，确保机房运行不受断电影响。

2) PDU 冗余

配电装置 (Power Distribution Unit，PDU) 冗余指在机房中配备双电源，可使机房从两路独立的电源接入电力，确保当其中一路电源发生故障时，PDU 仍能通过另一条电源线路供电。运维人员应使用负载均衡设备，合理分配机房设备的电力负载，避免单一 PDU 过载，从而确保电力供应的稳定性。对于 PDU 本身来说，也应具备过载保护、短路保护、过压保护和过流保护等功能，确保电力供应的安全性和可靠性。

3) UPS 维护

为保证在机房出现供电问题时 UPS 可稳定工作，及时为机房提供备用电源，运维人员需要定期检查和维护 UPS，确保其正常工作。维护内容包括检查电池状态、电路连接情况以及系统日志；同时，运维人员要定期更换 UPS 的电池，确保电池性能良好，UPS 电池的更换频率建议为 3～5 年更换一次，具体时间视电池品牌和使用情况而定。

4) 备用发电机

为了充分应对机房的电力不足问题，还应当为机房配备高质量、满足机房全部设备功率需求的备用发电机，以便在长时间停电时提供备用电源。运维人员需要定期对备用发电机进行启动测试，确保其在紧急情况下能够正常工作，及时供电。启动测试包括负载测试、模拟实际使用情况测试等内容。除此以外，备用发电机需要有足够的燃料储备，能够使其长时间持续供电，建议至少储备能持续供电 48 小时的燃料量，并定期检查和更换燃料，防止因燃料变质而导致供电效率降低或丧失。

5) 电力监控与应急预案

机房应安装电力监控设备，使运维人员能够实时监控电力供应情况。需要监控的电力供应内容包括市电接入情况、UPS 状态、备用发电机运行情况和 PDU 负载等。同时监控系统应具备报警功能，以便及时通知管理员处理异常情况。

在机房的运维方面，管理人员也需制定详细的应急预案，应急预案内容应当覆盖市电故障、UPS 故障、发电机故障和 PDU 故障等情况的应对措施，确保机房电力供应的稳定性和可靠性。

2. 消防安全措施

机房应参照《数据中心设计规范》(GB 50174—2017) 中 B 级机房的设计标准，使用防火材料建造，确保墙壁、地板和天花板均具备防火性能，同时应用防火材料和防火门将机房划分为多个防火分区，才能在火灾发生时有效阻止火势蔓延。机房需要配备一系列灭火与应急的消防设备，在紧急情况下可充分保障消防安全，如图 4-1 所示为常见的机房消防配套设备。

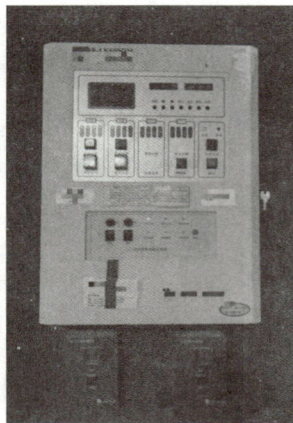

(a) 手持灭火器　　　(b) 气体灭火报警控制器　　(c) 柜式七氟丙烷气体灭火装置

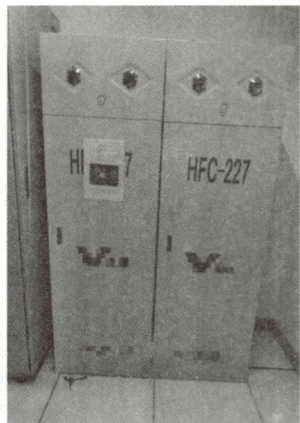

图 4-1　常见的机房消防配套设备

除建筑材料的防火性能外，机房中还需安装烟雾和温度报警器，以便及时检测火灾并自动触发灭火系统。在选择灭火系统方面，机房的灭火系统应参照《气体灭火系统设计规范》(GB 50370—2005) 中七氟丙烷灭火系统设计要求进行设计，考虑到水对电子设备的潜在损害，应优先使用气体灭火系统替代传统的水基灭火系统，保证能够迅速灭火且不会对电子设备造成损害。

除了正确设计与正确安装灭火系统外，机房还需配备足够的灭火器材和应急照明设备，并且有畅通的消防通道，便于紧急情况下人员能够快速撤离。机房的运维人员也应当定期进行消防演练，提高消防安全意识和应急处理能力。

3. 防盗安全措施

为限制和及时发现未授权人员进入机房，机房应安装门禁系统、高分辨率的视频监控摄像头、入侵报警系统等安全设备。对于门禁系统来说，为提高其安全性，可使用指纹识别、面部识别等生物识别技术或双重认证的方式；监控摄像头及监控系统应具备录像存储和实时监控功能，以便于事后追溯和调查；入侵报警系统需红外线传感器、门磁开关等，当检测到非法入侵时，系统可立即发出警报并通知管理人员，从而保障机房的防盗安全。

除了上述的电力安全、消防安全、防盗安全措施以外，机房的安全管理工作也同样重要。针对机房运维，管理人员需制订清晰详尽的安全巡检计划与台账，定期对机房和配备的安全设施进行巡查，检查门禁系统、监控设备和报警系统等各类安全设备的运行状况并记录在册，以便及时维护，切实保障机房的整体运行安全。

4. 环境安全措施

1) 防水措施

为防止水灾对机房设备和线路造成损害，机房地面应设置防水层，防止水或者其他液体渗入机房，并配备排水系统，确保在发生水灾时能够迅速排水。对于机房中的重要设备，应放置在高于地面的架子上，从而保证在水渗入机房时将损失减轻到最小。

2) 温湿度控制

机房应采用专用精密空调对温湿度进行调节，以确保机房设备在稳定环境下长期和持续可靠运行。精密空调应当采用列间空调的安装方式，安装在封闭冷通道内，就近送风，这样既能满足《数据中心设计规范》(GB 50174—2017) B级机房要求，也可提高送风效率，节能减排，从而增加机房的整体电能利用效率 (Power Usage Effectiveness，PUE)。同时机房内应当配备温湿度监控设备，实时监控机房内的温湿度变化，在数值异常时及时调整。

3) 防尘防虫与噪音控制

机房内应使用防尘罩保护设备，防止灰尘进入设备内部。运维人员应定期使用专业的清洁工具和设备对机房进行清洁，保持机房内无尘无虫，必要时可使用防虫剂以减少虫害对设备、线路的影响。除此以外，机房也应安装隔音设备，减少设备运行产生的噪音。

5. 动力环境监控

动力环境监控系统是通过部署分布式 (采集单元) 一体化监控主机，实现对机房内各子系统的一体化监控管理，如图 4-2 所示为动力环境监控系统的示意图。

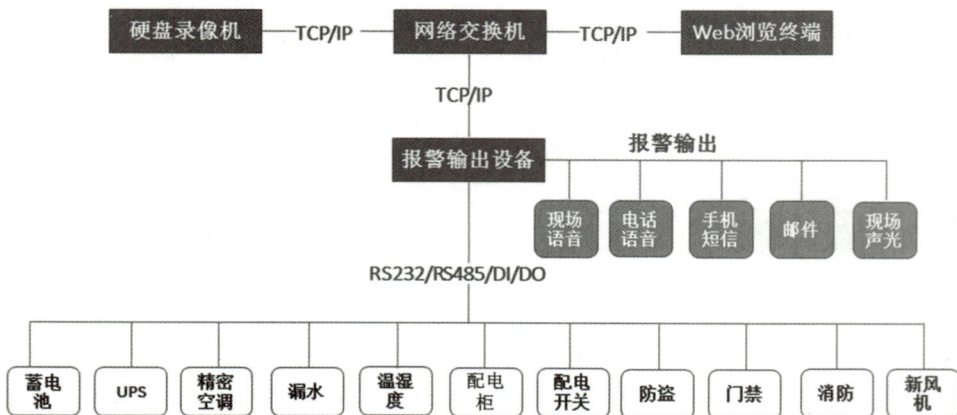

图 4-2　动力环境监控系统示意图

动力环境监控系统的主要监控对象包括精密空调、UPS、蓄电池、配电柜、温湿度、漏水、消防、门禁等，它能够在保障机房设备性能指标的基础上，实现告警、权限、报表、联动控制等功能的统一管理。当环境参数超过设定阈值或发生报警信号时，动力环境监控系统能够通过多种告警形式及时将告警信息传达给运维人员，实现 7 × 24 小时的全面集中监控和管理，保障数据中心环境及设备安全运行，实现最高的数据中心使用效率，不断提高机房的运营管理水平。

4.2　业务系统安全威胁

4.2.1　业务系统安全威胁概念与常见类型

1. 业务系统和网站安全威胁

随着网络生活不断深入，各类业务系统和网站均面临着多种网络安全威胁，这些威胁不光来自于黑客或者不法分子从外部发起的网络攻击或病毒、木马、蠕虫等恶意软件等，也可能来自于内部人员的管理疏漏与系统、网站漏洞等。

常见的业务系统和网站安全威胁包括但不限于未经授权的访问、分布式拒绝服务 (Distributed Denial of Service，DDoS) 攻击、跨站脚本 (Cross-Site Scripting，XSS) 攻击、SQL 注入攻击等，这些攻击可导致系统服务中断、数据泄露或系统的操作权限被非法获取等严重后果。其中，未经授权的访问指攻击者通过破解密码、利用漏洞等手段获取业务系统和网站的访问权限，导致其对系统网站进行非法操作和数据窃取等行为；DDoS 攻击指攻击者通过控制大量僵尸主机对业务系统和网站进行大规模的流量攻击，导致系统无法正常运行或服务中断；XSS 攻击指攻击者通过在业务系统和网站中注入恶意脚本，达到窃取用户信息、篡改网页内容等目的；SQL 注入攻击则是攻击者通过在业务系统和网站的输入字段中插入恶意的 SQL 代码，获取数据库的访问权限，进而对系统进行非法操作。在数据愈发重要和敏感的今天，很多攻击者通过各种非法手段窃取业务系统和网站中的敏感数据，如用户信息、交易记录、商业机密等，并进行非法交易和利用，造成社会、组织或个人的损失。

2. 业务系统和网站安全威胁案例

1) DDoS 攻击威胁 GitHub 平台安全

2018 年 2 月，攻击者以每秒 1.3 太字节的速率传输流量、以每秒 1.269 亿的速率发送数据包对 GitHub 平台开展 DDoS 攻击 (程序员应用广泛的在线代码管理平台)，试图造成系统瘫痪。所幸 GitHub 采用了 DDoS 防护服务，服务器在受到攻击后 10 分钟自动发出警报，快速阻止了攻击，导致这次世界最大的 DDoS 攻击仅持续 20 分钟，未造成严重后果。

2) 黑客利用服务器漏洞进行恶意挖矿

攻击者通过向 WebLogic 服务器发出请求，利用 CVE-2020-14882 漏洞进行攻击，从而允许该攻击者从远程服务器下载 PowerShell 脚本。通过这个脚本，攻击者能够令"挖矿"脚本在被攻击的服务器中长期运行，下载 XMRig(挖矿程序) 并持续进行恶意"挖矿"。

3) 勒索软件攻击波及多国企业数据

2023 年 2 月，名为 ESXiArgs 的勒索软件针对运行 VMware ESXi 虚拟机管理程序的客户发动了一次攻击，主要针对美国、加拿大、法国等国家的企业和组织，全球超 3800 台服务器受到攻击。攻击者利用了 CVE-2021-21974 漏洞，可远程执行代码，对中招的企业与组织开展勒索，这一事件再次凸显了保护虚拟化应用基础设施的紧迫性。

4.2.2　业务系统安全威胁预防措施

针对业务系统和安全威胁，提前部署和预防十分重要。通过采取有效的措施，可极大程度上降低业务系统的运行与安全风险，以下是一些业务系统安全威胁的预防措施。

1. 部署安全防护设备

为防范针对业务系统和网站的网络攻击，需要在网络的关键节点部署防火墙、入侵检测系统等安全防护设备，可及时发现并阻断恶意攻击。

2. 安全漏洞管理与审计评估

除了用安全设备抵御攻击之外，持续对业务系统进行安全漏洞扫描，及时发现并修复系统中存在的安全漏洞可减少被攻击的风险；对业务系统进行定期的安全审计和评估，内容包括系统的安全状态、风险水平、整改措施等，也可帮助管理人员提前发现并整改系统的安全隐患。

另一方面，网络安全管理人员应鼓励组织内部的人员发现和报告系统安全漏洞，对发现重要安全漏洞的人员给予奖励，提高人员参与安全管理工作的积极性，也有助于构建网络安全防护的共同体。

3. 加强访问控制

网络安全管理人员需要明确业务系统的安全管理目标和原则，规定安全管理的职责和流程，确保安全管理工作的有序进行。在技术和管理方面，需实施严格的访问控制策略，限制未经授权的访问，可采用身份验证、访问授权等技术手段确保业务系统仅可被授权用户访问；除此之外，管理者也应当建立安全监控和日志管理机制，对业务系统进行实时监控和日志记录，及时发现并处理异常情况和安全事件。

4. 数据加密和备份

管理人员应对业务系统中的敏感数据进行分类分级管理和加密处理，确保数据在传输和存储过程中的安全性，并定期备份数据，以防止数据丢失或损坏。

5. 建立安全事件响应机制，加强安全培训

网络安全管理人员应定期对其他相关人员进行网络安全专业培训，加强其

对网络安全的认识，提升整体网络安全素养和专业技能，避免和减少人为因素导致的网络安全事件。同时，管理人员需要制定网络安全事件响应预案和流程，明确网络安全事件的处理流程和责任人，确保在发生安全事件时能够迅速响应并采取相应措施，将损失减到最小。

4.3　社会工程学与网络安全

4.3.1　社会工程学攻击概念与常见类型

1. 社会工程学攻击概念

社会工程学攻击指利用心理学、社会学和技术手段来获得、骗取甚至滥用个人或组织信息的一种攻击手段。在网络安全领域，社会工程学攻击通常指的是通过操纵人们的行为和心理来获取机密信息或使其执行某种行为的一种攻击方式，其攻击流程如图 4-3 所示。社会工程学攻击着重于通过电话、电子邮件、社交媒体或面对面交流等形式攻击人的弱点，而不是直接采用技术手段针对信息系统进行攻击。

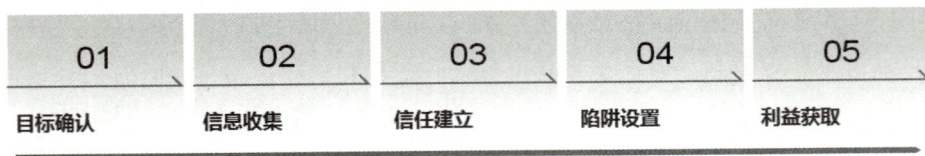

01	02	03	04	05
目标确认	信息收集	信任建立	陷阱设置	利益获取

图 4-3　社会工程学攻击流程

社会工程学攻击可能涉及欺骗和心理操作等方式。欺骗即攻击者会通过伪装成受害者信任的人或机构，诱使受害者透露个人信息、密码或其他敏感信息，也可能通过伪造身份、制造紧急情况或模仿合法请求的形式来获取未经授权的访问权限或信息；心理操作则是攻击者利用受害者的好奇心、恐惧、贪婪、同情心等情感，诱使其执行某种操作或提供信息。总体来说，社会工程学攻击都是在明确目标受害者信息、与受害者建立信任的基础上对其设置陷阱，最终获取利益的过程，如图 4-3 所示。故预防社会工程学攻击的关键在于提高安全意识，加强安全培训和教育，建立严格的信息保护流程和技术安全控制措施。

常见的社会工程学攻击手段如表 4-1 所示。

表 4-1　常见的社会工程学攻击手段

序号	攻击手段	攻 击 内 容
1	垃圾邮件	攻击者发送带有恶意软件的电子邮件，伪装成已知机构或个人，诱使用户打开邮件并执行威胁行为，如点击链接或下载恶意软件等
2	钓鱼邮件	攻击者通过伪造电子邮件，诱使用户向攻击者提供个人信息或敏感信息，如银行账号、密码、社会保险号等
3	冒充电话	攻击者冒充合法机构或个人，通过电话诱骗用户提供个人信息或进行资金转账等
4	社交工程	攻击者通过社交媒体或其他公开信息渠道，获取目标个人或组织的信息，通过钓鱼邮件或冒充电话等方式骗取更多信息或执行某种行为
5	假冒网站	攻击者制作假冒的网站，诱使用户进入并提供个人信息或下载恶意软件

2. 社会工程学攻击案例

1) 假冒 CEO 造成公司财产损失

一家中型企业的财务团队收到了一封来自伪造公司 CEO 的电子邮件，要求紧急支付一笔款项给一个新供应商，以维持业务连续性。攻击者通过伪造 CEO 的电子邮件地址，并在邮件中使用了 CEO 的签名和口吻来增加邮件可信度，同时在邮件中强调紧急性，迫使财务团队在没有进一步核实的情况下迅速行动。由于时间紧迫和伪造邮件太过逼真，财务团队未经过标准审批流程便将款项支付给了攻击者指定的账户，事后发现该账户属于一个欺诈团伙，而所谓的"新供应商"也完全不存在，导致企业受到直接的财产损失。

2) 公共 WiFi 导致个人信息泄露

一位用户在公共场所连接了一个免费 WiFi 网络，并在该网络下进行了网上银行交易，导致其银行账户信息被窃取，造成资金损失，其个人信息也被泄露，增加了个人身份信息被非法利用的风险，如身份信息被冒用或顶替。调查发现攻击者设置了一个名为"免费 WiFi"的虚假网络，诱导受害者连接，一旦受害者成功连接该虚假网络，攻击者便能截获用户的网络流量，包括用户名、密码和其他敏感信息。

3) 电话诈骗导致老人资金损失

受害者接到自称银行客服的电话，对方声称其银行账户存在异常，需要提供个人信息以进行验证，导致受害者个人信息被窃取，银行账户被攻击者控制进行多笔非法交易，导致资金损失。随后证实攻击者通过电话诈骗的方式，伪装成银行客服，诱骗受害者提供个人信息，如身份证号码、银行卡密码等，同时制造紧急情况，迫使受害者来不及求证，迅速提供攻击者需要的信息。

4.3.2 社会工程学攻击的预防措施

社会工程学攻击是一种非常灵活和变化多端的攻击方式，因此很难制定一套具体的规范和流程来完全防范所有可能的攻击。管理人员应结合自身特定的安全管理需求和安全风险评估情况建立全面的社会工程学攻击防御体系，可以从以下几方面加强。

1. 安全意识培训

社会工程学的主要攻击对象是个人，所以针对该类攻击，最主要也最有效的方法是提升人员的网络安全与数据安全意识，从而能够在察觉到异常时迅速反应，及时规避风险或采取止损措施。管理人员应定期为相关人员提供关于防护社会工程学攻击的培训与演练，教授其如何识别各种类型的社会工程学攻击，培训内容应涵盖对各种攻击手段的识别、应对技巧和最佳实践；培训重点是对未经验证的信息和他人请求保持警惕和质疑，并在涉及提供敏感信息、或实施重要操作时采取确认和验证措施。定期组织模拟社会工程学攻击演练也可帮助管理人员评估人员对各种攻击手段的应对能力，从而针对性地加强其应对能力和反应速度。也可考虑建立报告社会工程学攻击的渠道和机制，建立适当的奖励和激励机制，鼓励人员主动汇报可疑行为或收到的可疑信息。

2. 警惕钓鱼邮件和垃圾邮件

钓鱼邮件和垃圾邮件经常含有链接或附件，诱导收件人点开，可能导致个人信息或资产信息泄露、终端病毒感染等后果。安全管理人员需要完善邮件系统的过滤功能和防垃圾邮件机制，也应开展培训，教育组织内的人员如何识别和避免点击潜在的钓鱼邮件和垃圾邮件中的链接或附件。

3. 完善技术防护和定期检查

完善安全技术防护体系建设，采用网络防火墙、入侵检测系统、反病毒软件等安全技术工具和控制措施，减少社会工程学攻击的机会。及时安装操作系统和软件的安全更新和补丁，以减少攻击者利用已知漏洞的机会。定期进行安全审查，检查系统和网络的漏洞，并及时修复和强化安全措施。

4. 网络安全应对政策与管控

网络安全管理人员需建立针对社会工程学攻击的网络安全应对政策、规章制度以及控制措施等，包括防范要求和措施，并确保其他人员了解、遵守这些政策和程序；建立严格的管理流程，采用多因素身份验证机制，包括使用密码、指纹、令牌或生物特征等验证因素，提高身份验证的安全性；清楚定义敏感信息的范畴，如个人身份信息、财务信息、机密信息等，针对不同重要程度的信息采取相应的保护措施与流程；提升访问控制、权限管理、数据分类和加密防护的力度，保护敏感信息和系统资源；定期进行安全审查，检查系统和网络的漏洞，并及时修复和强化安全措施；制订完善的安全事件响应计划，包括对社会工程学攻击的处理流程和沟通机制，迅速应对及减轻攻击带来的影响。

◎── 4.4　网络安全事件

4.4.1　网络安全事件概述

网络安全事件是指与计算机网络和信息系统安全相关的各种事件，可能对个人、组织、企业或国家的信息安全和运营造成严重影响。

1. 网络安全事件常见原因

网络安全事件产生的常见原因包括未经授权的访问、恶意软件攻击（如病毒、蠕虫、特洛伊木马等）、DDoS 攻击、钓鱼邮件攻击、漏洞攻击等，非法获取他人身份信息并用于不正当目的；或组织内部人员滥用系统访问权限、泄露敏感信息；或攻击者通过攻击供应链中的某个环节，影响整个供应链安全；甚至国家或组织通过网络手段进行的间谍活动等，这些都可能导致网络安全事件的发生。

2. 网络安全事件的认定

网络安全事件的认定通常基于以下因素：

(1) 未授权访问：未经许可的个人或实体访问了网络系统或数据；

(2) 数据泄露：敏感信息被未经授权的个人获取或公开；

(3) 数据篡改：数据被非法修改，导致信息失真或不可靠；

(4) 服务中断：网络服务或系统无法正常运行，可能是由于 DDoS 攻击或其他原因；

(5) 资产损失：由于网络安全事件，导致企业或个人资产遭受损失；

(6) 法律和合规违规：违反了相关的网络安全法律、法规或标准；

(7) 信任损害：事件导致用户对网络服务的信任度下降；

(8) 影响范围：事件的影响范围包括受影响的用户数量、数据量或系统范围；

(9) 持续时间：事件持续的时间长度；

(10) 潜在影响：事件可能对个人、组织或国家造成的长期影响；

(11) 证据：有确凿的证据表明发生了网络安全事件，如日志记录、入侵检测系统的警报等；

(12) 响应措施：事件发生后采取的响应措施，如隔离受影响系统、恢复数据、加强安全防护等。

当一个或多个上述因素被触发时，可以认为发生了网络安全事件，组织或个人需要根据事件的严重程度和影响范围采取相应的措施，包括但不限于调查事件原因、修复漏洞、恢复服务、通知受影响方以及加强未来的安全防护措施。

4.4.2　网络安全事件定级

《信息安全技术 网络安全事件分类分级指南》(GB/T 20986—2023) 中明确界定了网络安全事件的类别和级别，通过对网络安全事件进行分级，为制定和执行网络安全相关的法规和标准提供了依据，有助于形成系统的网络安全管理体系，可以指导相关单位进行针对性的应急和演练，提高应急处置能力，同时明确各级政府、企业和组织在网络安全事件中的职责和义务，确保事件得到有效管理和控制。

网络安全事件可以根据其严重性和影响范围进行分级，一般分为四级，即特别重大网络安全事件、重大网络安全事件、较大网络安全事件、一般网络安全事件。

1. 特别重大网络安全事件

特别重大网络安全事件指对国家安全、社会秩序、经济建设和公众利益构成特别严重威胁、造成特别严重影响的网络安全事件。例如，重要网络和信息系统遭受特别严重的系统损失，造成系统大面积瘫痪，丧失业务处理能力；国家秘密信息、重要敏感信息、重要数据丢失或被窃取、篡改、假冒，对国家安全和社会稳定构成特别严重威胁；其他对国家安全、社会秩序、经济建设和公众利益构成特别严重威胁、造成特别严重影响的网络安全事件。

通常情况下，满足下列条件之一的，可判别为特别重大网络安全事件：

(1) 省级以上党政机关门户网站、重点新闻网站因攻击、故障，导致 24 小时以上不能访问。

(2) 关键信息基础设施整体中断运行 6 小时以上或主要功能中断运行 24 小时以上。

(3) 影响单个省级行政区 30% 以上人口的工作、生活。

(4) 影响 1000 万人以上用水、用电、用气、用油、取暖或交通出行。

(5) 重要数据泄露或被窃取，对国家安全和社会稳定构成特别严重威胁。

(6) 泄露 1 亿人以上个人信息。

(7) 党政机关门户网站、重点新闻网站、网络平台等重要信息系统被攻击篡改，导致违法有害信息特大范围传播。

以下情况之一，可认定为"特大范围"：

① 在主页上出现并持续 6 小时以上，或在其他页面出现并持续 24 小时以上；

② 通过社交平台转发 10 万次以上；浏览或点击次数 100 万以上；

③ 省级以上网信部门、公安部门认定为是"特大范围传播"的。

(8) 造成 1 亿元以上的直接经济损失。

(9) 其他对国家安全、社会秩序、经济建设和公众利益构成特别严重威胁、造成特别严重影响的网络安全事件。

2. 重大网络安全事件

重大网络安全事件指符合特定情形之一且未达到特别重大网络安全事件的网络安全事件。这类事件可能对国家安全、社会秩序、经济建设和公众利益构成严重威胁，造成严重影响。例如，重要网络和信息系统遭受严重的系统损失，造成系统长时间中断或局部瘫痪，业务处理能力受到极大影响；国家秘密信息、重要敏感信息、重要数据丢失或被窃取、篡改、假冒，对国家安全和社会稳定构成严重威胁；其他对国家安全、社会秩序、经济建设和公众利益构成严重威胁、造成严重影响的网络安全事件。

通常情况下，满足下列条件之一的，可判别为重大网络安全事件：

(1) 地市级以上党政机关门户网站、重点新闻网站因攻击、故障，导致 6 小时以上不能访问。

(2) 关键信息基础设施整体中断运行 2 小时以上或主要功能中断运行 6 小时以上。

(3) 影响单个地市级行政区 30% 以上人口的工作、生活。

(4) 影响 100 万人以上用水、用电、用气、用油、取暖或交通出行。

(5) 重要数据泄露或被窃取，对国家安全和社会稳定构成严重威胁。

(6) 泄露 1000 万人以上个人信息。

(7) 党政机关门户网站、重点新闻网站、网络平台等被攻击篡改，导致违法有害信息大范围传播。

以下情况之一，可认定为"大范围"：

① 在主页上出现并持续 2 小时以上，或在其他页面出现并持续 12 小时以上；

② 通过社交平台转发 1 万次以上；浏览或点击次数 10 万以上；

③ 省级以上网信部门、公安部门认定为是"大范围传播"的。

(8) 造成 2000 万元以上的直接经济损失。

(9) 其他对国家安全、社会秩序、经济建设和公众利益构成严重威胁、造成严重影响的网络安全事件。

3. 较大网络安全事件

较大网络安全事件指符合特定情形之一且未达到重大网络安全事件的网络

安全事件。这类事件可能对重要网络和信息系统造成较大损失，影响系统效率，业务处理能力受到影响，或者对国家秘密信息、重要敏感信息和关键数据造成较严重威胁。

通常情况下，满足下列条件之一的，可判别为较大网络安全事件：

(1) 地市级以上党政机关门户网站、重点新闻网站因攻击、故障，导致 2 小时以上不能访问。

(2) 关键信息基础设施整体中断运行 30 分钟以上或主要功能中断运行 2 小时以上。

(3) 影响单个地市级行政区 10% 以上人口的工作、生活。

(4) 影响 10 万人以上用水、用电、用气、用油、取暖或交通出行。

(5) 重要数据泄露或被窃取，对国家安全和社会稳定构成较严重威胁。

(6) 泄露 100 万人以上个人信息。

(7) 党政机关门户网站、重点新闻网站、网络平台等被攻击篡改，导致违法有害信息较大范围传播。

以下情况之一，可认定为"较大范围"：

① 在主页上出现并持续 30 分钟以上，或在其他页面出现并持续 2 小时以上；

② 通过社交平台转发 1000 次以上；浏览或点击次数 1 万以上；

③ 省级以上网信部门、公安部门认定为是"较大范围传播"的。

(8) 造成 500 万元以上的直接经济损失。

(9) 其他对国家安全、社会秩序、经济建设和公众利益构成较严重威胁、造成较严重影响的网络安全事件。

4. 一般网络安全事件

一般网络安全事件指除上述情形外，对国家安全、社会秩序、经济建设和公众利益构成一定威胁、造成一定影响的网络安全事件。这类事件通常涉及一般性的网络安全问题，如系统漏洞、弱口令等。

4.5　网络安全组织架构与应急流程

4.5.1　网络安全组织架构

网络安全组织架构是一个组织内部负责网络安全管理的结构体系，以确保整体网络和系统运行的安全性、可靠性和稳定性。它涵盖网络安全管理的各个方面，一个典型的网络安全组织架构的组成如下：

(1) 高层管理层。高层管理层是网络安全组织架构的顶层，负责制定网络安全政策和战略，确定网络安全的整体方向和目标。高层管理层应具备对网络安全重要性的深刻认识，并将网络安全纳入组织的整体战略规划中。

(2) 网络安全管理部门。网络安全管理部门通常由网络安全专家、安全工程师、安全管理员等人员组成，负责制订和执行网络安全计划、政策和标准，具体工作包括监控网络安全状况、发现潜在威胁、响应安全事件，并与其他部门合作，确保网络系统的安全。

(3) 技术团队。技术团队是网络安全组织架构中的关键组成部分，负责实施和维护网络安全技术，包括防火墙、入侵检测系统、数据加密、身份认证等。技术团队需具备专业的技术能力和经验，能够及时发现和应对各种网络安全威胁。

(4) 业务部门。业务部门是网络安全组织架构中的重要参与者，负责确保业务运营过程中的网络安全。业务部门需要了解和跟进网络安全政策和标准，并遵守相关规定，确保业务数据的安全性和完整性。

(5) 安全审计和合规团队。安全审计和合规团队负责对网络安全管理体系进行审计和合规性检查，确保组织遵守相关法律法规和标准。安全审计和合规团队需具备专业的审计和合规知识，能够发现潜在的安全风险并提出改进建议。

此外，建立完善的网络安全组织架构还应考虑以下几点：

(1) 明确责任和角色。每个人员都需要清楚自己在网络安全工作中的职责和角色，以便在网络安全事件发生时能够迅速响应与协作。

(2) 跨部门的合作。网络安全管理需要跨部门的合作和协调，需要建立明确的跨部门合作机制，以确保各部门之间的信息流通和协作顺畅。

(3) 持续的安全培训和意识提升。定期为组织成员提供网络安全培训，提高其对网络安全的认识和防范能力。

(4) 与外部安全机构合作。与专业的安全机构合作，获取最新的安全信息和威胁情报，以便及时发现和应对各种网络安全威胁。

总之，网络安全组织架构是一个综合性的体系结构，需要各个部门和成员之间的密切合作和协作，才能确保整体网络安全。

4.5.2　网络安全应急响应流程

网络安全应急响应流程是一个组织在面对网络安全事件时，为了迅速、有效地应对和处置这些事件而采取的一系列步骤，一般包含准备阶段、初步响应阶段、事后总结和持续监测三个阶段。

1. 准备阶段

在准备阶段，需要做好事件应急的机制、人员团队、资源等储备和安排，一旦事件发生，可确保在第一时间能够迅速调动人员和资源，并按照机制流程开始响应。

(1) 制订应急计划：根据组织的网络环境和业务需求制订详细的应急响应计划，包括安全事件的分类分级、应急响应具体流程、应急沟通机制、法律和合规要求、培训与演练计划等，旨在为应对网络安全事件提供标准化的指导。

(2) 建立应急团队：组建由网络安全专家、IT 支持人员、业务代表等组成的应急响应团队，制定清晰的决策链条，明确各个角色的分工和责任，确保事件应对高效有序。应急团队的建立是保证应急计划有效实施的基础。

(3) 准备应急资源：确保有足够的硬件、软件、网络带宽等资源来支持应急响应工作，如日志分析等技术工具、存储系统等应急备用设备、数据备份机制、应急文档、预算和人力调度等，做好迅速应急响应的基础保障。

(4) 开展事件监测：使用各种监控和检测工具 (如入侵检测系统、安全信息和事件管理系统等) 实时监测网络环境和系统状态。一旦发现可疑活动或行为，立即进行初步分析，以确定事件的性质、来源和影响范围。

2. 初步响应阶段

在初步确认安全事件发生后，应立即启动应急响应计划，并按照应急响应计划进行初步处置与快速响应。

(1) 迅速隔离受影响的系统。

在应急响应的初期，应第一时间采取行动将受影响的系统或网络进行隔离，以防止事件进一步扩散。这一措施至关重要，可以防止攻击者进一步渗透其他系统，限制攻击的扩散范围，并保护未受影响的系统免受破坏。隔离可以通过断开网络连接、关闭关键服务或限制访问权限等方式进行。同时，在隔离的过程中，需要开始收集与事件相关的关键证据，如系统日志、入侵检测系统 (IDS) 的报告、网络流量捕捉文件等，这些信息是后续分析和调查的基础，能够为了解攻击手段、恢复系统和法律追责提供支持。

(2) 深入分析和调查。

在事件发生后，全面深入的分析是了解攻击全貌和采取有效应对措施的关键步骤。应急团队需对收集到的证据进行详细分析，通过日志分析、流量捕捉审查、入侵行为追溯等技术手段，确定攻击的方式、入侵的途径、攻击者的身份或来源以及系统受影响的范围。分析的结果能够帮助团队理解攻击的深度与广度，识别出哪些系统或数据受到了损害，防止攻击的再次发生。同时，通过分析可以揭示系统中的潜在漏洞，以便在未来采取更有效的防护措施。

(3) 与外部安全机构合作。

外部安全机构通常拥有全球范围内的威胁监测能力，能够提供有价值的安全预警，通过与外部安全机构和第三方安全服务供应商的合作，可以获取最新的威胁情报和安全信息，了解当前最新的攻击方式和应对策略，帮助团队迅速作出调整并提高应对效率。在必要时外部机构还可以协助进行技术支持、法律咨询及攻击者追踪，帮助应对安全事件，并减少其带来的长期影响。

(4) 应急修复。

在完成初步的分析和隔离工作后，应急团队需根据应急响应计划，对受影响的系统进行修复，以便其尽快恢复正常运行状态。在修复过程中应重点清理所有的恶意代码、后门程序及任何可能的残留恶意行为，防止攻击者再次入侵，确保对安全漏洞进行封堵，安装最新的安全补丁，更新相关的防火墙规则和权限配置，确保修复后的系统更加安全。整个修复过程应严格遵循既定的应急响应程序，确保修复过程快速、高效，并不遗漏任何安全隐患。

(5) 通知和报告。

在网络安全事件发生后，及时、准确地向相关部门通知事件的发生情况至关重要。根据法律法规要求和内部安全政策，需及时向业务部门、管理层及监管机构等相关方通报事件的影响、应对措施及后续计划，包括事件的起因、受影响的系统、攻击者的行为、应急响应的措施、修复情况及未来的改进计划。报告可用于内部复盘、外部审查和法律追责，确保事件的透明度和责任清晰度，保障网络安全工作的合规性。

3. 事后总结和持续监测

(1) 事后总结与复盘。

网络安全事件响应的结束并不意味着整个过程的完成，事后总结和复盘是确保未来安全防护和应急响应能力不断提升的关键步骤。在复盘阶段，应急团队需要对整个安全事件进行全面的回顾和评估，深入分析其发生原因，包括技术漏洞、人为操作失误或外部攻击等可能的诱因。通过对安全事件的详细分析，才能明确网络攻击的源头、攻击路径、所使用的手法以及导致系统或数据受损的具体环节。

复盘过程还应重点关注应对过程中的成功经验和不足之处，特别是在事件检测、应急响应速度、团队配合、资源调动等方面。成功经验可以作为未来应急响应中的借鉴和模板，不足之处则应引起高度重视，通过针对性地制定改进方案来优化应急响应的计划和流程。复盘总结的最终成果应当形成详细的事件报告和改进建议，报告不仅应当包括事件的概况、技术分析和处理结果，还应根据复盘过程中发现的问题提出可操作的改进措施。通过系统化的复盘，能够为未来的安全防护提供更强有力的保障，推动应急响应体系的不断完善与更新。

(2) 事后监测与评估。

在对安全事件的应急处置流程结束后，仍需持续监控整体安全状态，以防止潜在的隐患或后续攻击。应急团队需要密切关注系统运行状况、流量情况以及潜在的安全告警，确保事件彻底解决并且没有残留的恶意程序或后门。持续监测不仅仅是短期内的工作，还应成为日常安全运营的核心内容，应急团队应根据事件的特点制定相应的监控计划。同时还需要定期对安全事件应急响应流程进行评估和改进，以确保流程能够适应不断变化的网络威胁和业务需求，保持其有效性和适应性。

4.5.3　高校网络安全应急工作

1. 高校网络安全应急工作的意义

高校网络安全工作的应急意义体现在保障高校信息化发展、教育教学业务、科学研究开展以及个人信息保护等方面。作为人才培养和创新的核心阵地，高校汇聚了大量的教学和科研数据，包括学生、教师的个人信息，科研成果以及学术资源等，这些数据一旦受到网络攻击，不仅会对学校的正常运作产生严重影响，还可能威胁国家的知识产权安全和科技发展。因此高校网络安全应急工作不仅是维护高校网络环境稳定的关键手段，也是推动教育信息化进程、提升网络安全管理水平、响应国家法律法规要求的必要保障。通过做好网络安全应急工作，高校能够提升自身应对日益复杂的网络威胁的能力，同时培养广大师生的网络安全意识，建立校园网络安全文化，以下是高校网络安全应急工作的几个关键意义。

(1) 保障教育信息化的顺利进行。随着教育数字化转型的深入，高校的网络基础设施和信息化应用系统正逐步成为日常教学、科研和管理的核心工具。从在线课程平台、学生信息管理系统到科研数据中心，信息化应用已全面渗透到高校运作的各个环节。基于高校的性质、信息资产数量和使用情况，任何安全漏洞或攻击都可能导致大规模的系统瘫痪或数据丢失。网络安全应急工作可以快速识别和修复网络安全事件，在最短时间内恢复系统运行，确保信息化应用能够持续、稳定、安全地支持高校教学与管理工作的顺利进行。

(2) 维护校园网络环境的安全稳定。在数字化校园环境下，网络安全问题逐渐成为影响高校信息化建设的瓶颈。网络攻击、数据泄露、系统入侵等威胁频发，严重危害了校园网络的稳定性，做好网络安全应急工作能够及时发现、应对和解决这些问题，通过采取快速有效的隔离、修复措施，防止安全事件的扩大和蔓延，保障校园网络环境的安全稳定，促进信息化发展。

(3) 保护高校师生的个人信息和数据安全。高校存储了大量师生的个人信息、教学数据、科研成果等敏感数据，这些数据具有极高的商业和学术价值，是黑客攻击的主要目标。一旦个人信息泄露或科研数据被篡改、窃取，不仅会对师生的隐私安全造成威胁，还可能导致知识产权损失、学术成果毁灭性打击。通过高效的网络安全应急工作，能够在攻击发生后迅速隔离受影响的系统，并进行数据恢复和加固，最大限度地减少信息和数据的损失，保障师生的合法权益。

(4) 响应国家法律法规的要求。近年来，随着《中华人民共和国网络安全法》《中华人民共和国数据安全法》等相关法律法规的出台，国家对各类机构(包括高校)的网络安全工作提出了更加严格的要求。高校作为国家教育体系的重要组成部分，有责任遵循这些法律法规，确保网络安全工作合规。网络安全应急工作正是响应这一法律要求的具体实践，通过建立健全的应急响应机制，高校能够快速有效地应对安全事件，确保其网络和信息系统的安全，符合国家的法律要求，维护高校的良好声誉。

(5) 应对日益严峻的网络安全形势。网络攻击技术日益复杂，攻击手段日益隐蔽，高校必须具备灵活、敏捷的应急响应能力。通过网络安全应急工作，高校能够及时检测和应对各种复杂的网络威胁，最大限度地降低攻击带来的负面影响，并在事件处理后持续改进系统防护措施，防止类似事件再次发生，从而增强对未来威胁的预防和应对能力。

(6) 促进高校网络安全文化的建设。网络安全应急工作不仅包含技术和管理层面，它还是推动高校内部网络安全文化建设的核心部分。通过定期的应急演练、网络安全培训和宣传教育，高校能够增强全体师生的网络安全意识，培养全员参与安全防护的意识和责任感，有助于形成全校范围内的安全防护合力，从而大幅降低因人为疏忽或不安全行为引发的网络安全风险，为校园网络环境的长期安全稳定打下坚实的基础。

(7) 提高高校网络安全事件的处置效率。通过建立专业的网络安全事件协同处置机制，高校能够确保在安全事件发生时快速响应并协调各方力量进行有效处置，应急响应团队在事件发生后，能够及时隔离受影响的系统、分析攻击路径、修复漏洞并恢复系统运行。这种快速、高效的处置机制不仅可以缩短事件处理时间，减少损失，还能为后续的安全防护提供有价值的经验积累，进一步提升应急工作的整体效率。

2. 高校网络安全应急工作流程参考

建立完善的高校网络安全应急工作流程能够有效提升高校应对网络安全事件的能力，形成健全的应急响应机制，确保在突发事件中能够及时应对并快速恢复正常的校园网络运作，也是推动高校网络安全管理水平整体提升的关键保障，能够帮助高校更好地适应复杂的网络安全环境。

(1) 设立网络安全应急响应小组，明确各个组织或部门的应急工作职责。为了有效应对高校面临的各种网络安全威胁，设立网络安全应急响应小组至关重要。应急响应小组通常由技术部门、信息化管理部门、安全管理团队以及校内其他相关部门的代表组成，每个成员在小组中承担不同的职责，例如，技术人员负责事件的初步响应、隔离和修复；信息安全专家负责事件分析、日志审查和威胁情报的收集；管理部门负责与校内外的沟通协调，确保应急决策快速传达与执行；法律和合规部门确保事件处理符合国家的法律法规要求，并向外部监管机构报告。通过这种多部门协作的应急响应机制，各组织间的分工明确，能够确保事件发生后得到迅速和有序的处理，避免由于职责不清而导致的响应迟缓或失误。

(2) 按照学校标准制定网络安全事件分类分级标准。根据事件的性质、影响范围、紧急程度和潜在损失等因素制定网络安全事件的分类和分级标准，是高校网络安全应急工作的重要一环。分类分级标准不仅可以帮助应急响应团队快速评估事件的严重性，还可以指导各部门采取相应的应急措施，从而提高应急响应的精准性和效率。

(3) 完善应急预案。完善的应急预案是高校网络安全应急工作的核心文件，如图 4-4 所示，网络安全应急处置手册应包含详细的应对流程、关键节点、行动指南、责任分工和网络安全事件的响应步骤，从初期检测、事件隔离、分析调查到恢复修复等每一个环节都应有详细说明，确保在突发网络安全事件时所有相关人员都能按照既定流程迅速行动。除了内部流程外，还需建立内部和外部的沟通机制，例如，在事件发生时应如何快速通知校领导、相关部门和受影响的人员，如何联系外部的网络安全专家或政府监管部门，以确保信息畅通。应急预案需具有高度的可操作性，不仅要适用于不同类型的网络安全事件，还要能够根据实际情况进行灵活调整。

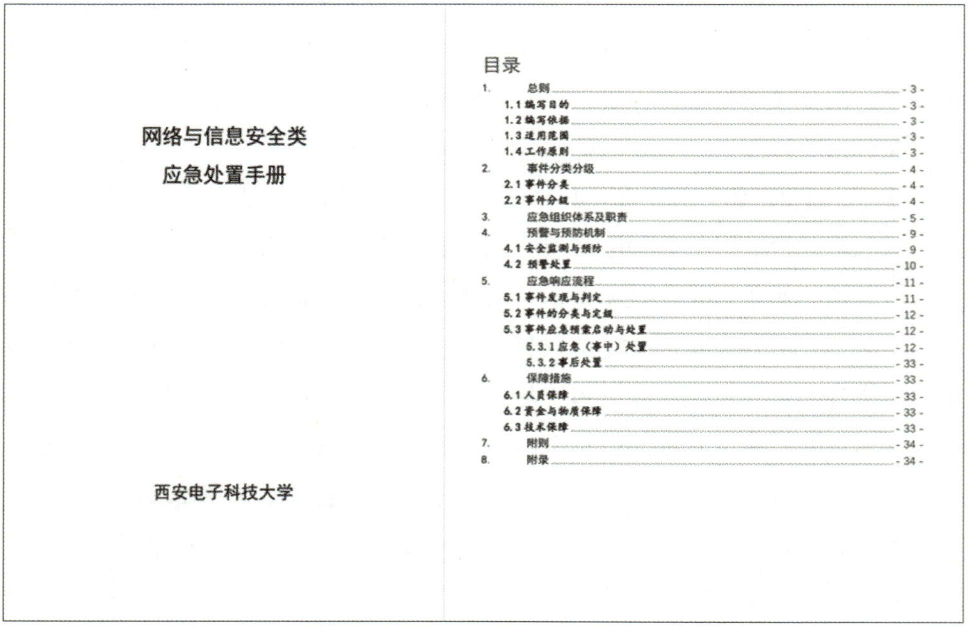

网络与信息安全类
应急处置手册

西安电子科技大学

目录

图 4-4　网络安全应急处置手册

(4) 平战结合开展日常监测工作，建立有效的预警机制。网络安全应急工作不仅限于事件发生后的响应和处置，日常的监测和预警机制同样不可或缺。高校应建设网络安全监测体系，涵盖防火墙、入侵检测系统、安全事件管理平台或系统等，实时监控校园网络的流量、用户行为和系统日志，及时捕捉异常或潜在的攻击行为。在完善日常监测的基础上，制定分级预警机制，根据事件的紧急性和潜在危害程度提前发布预警，提醒相关部门和人员及时采取预防措施，这样可以更有效地将网络安全事件的发生概率和影响范围降到最低。

(5) 加强人员培训，开展应急演练。有效的网络安全应急响应工作离不开人员的技能水平和应急经验，高校需定期对网络安全应急响应小组及相关技术人员进行专业培训，包括最新的网络安全技术、事件响应流程、法律法规要求及威胁情报的收集与分析等内容，同时开展全校范围的网络安全宣传教育，提升广大师生的安全意识和防范能力，避免由于人为疏忽导致的安全事件。定期进行应急演练也是提升应急能力的重要手段，通过模拟各种可能的网络安全事件测试应急响应团队的实战能力，确保各部门能够在真实网络安全事件发生时按照计划协同作战。

(6) 形成模板化的工作台账并留存。在每次网络安全事件的应急处置结束后，应及时记录和整理过程中的各类关键数据和操作步骤，形成标准化的工作台账，台账内容包括事件发现、分类、处理流程、修复情况、各部门的响应行动及事后的复盘分析等。通过这种模板化的记录方式，不仅可以为后续安全事件的处置提供参考，还能为未来改进应急预案和安全管理措施提供数据支撑，并帮助高校在进行安全评估或等级保护评审时展现其网络安全治理能力和应急响应体系的完善。

第5章 数据安全管理与分类分级

2020 年 4 月，中共中央、国务院在《关于构建更加完善的要素市场化配置体制机制的意见》中强调，"加快培育数据要素市场"，第一次将数据列为五个生产要素之一。2023 年国务院成立了国家数据局，负责协调推进数据基础制度建设，统筹数据资源整合共享和开发利用，统筹推进数字中国、数字经济、数字社会的规划和建设。数据作为新型生产要素，是价值创造的重要源泉，是我国经济发展的引擎。2021 年 9 月，《中华人民共和国数据安全法》正式施行，确定数据分类分级保护制度是数据安全保护基本制度之一，明确要求"各地区、各部门应当按照数据分类分级保护制度，确定本地区、本部门以及相关行业、领域的重要数据具体目录，对列入目录的数据进行重点保护"。数据安全和分类分级成为数据管理的重要保障。

本章重点介绍教育数据安全管理的体系与教育数据分类分级的过程与方法。读者可全面了解教育数据管理的范围、边界和体系，可深入学习如何构建教育数据管理体系和教育数据的分类分级实施过程，具有较强的可参考性。

5.1 教育数据管理体系的构建

随着人工智能、物联网等技术的快速发展，新的教育变革快速拉开帷幕，高质量的数据是教育数字化转型的基石，构建教育数据管理体系更是教育数字化转型的关键问题。构建教育数据管理体系就是以数据分级分类和数据安全评估为抓手，以"互联互通、信息共享、业务协同"为目标，以"覆盖全校、统一标准、上下联动、安全高效"为导向，打破数据壁垒，完善数据标准规范，促进数据分级分类，坚持数据充分共享，探索数据挖掘服务，强化数据安全供给，提升数据服务质量。

5.1.1　教育数据管理范围

构建高校数据管理体系，首先需要将数据作为一种资产考虑，不同于其他的资产，数据资产的价值可能会随着时间的推移变化，但数据本身是持久的，不会消亡。数据是"黄金"、是"石油"，也是数字经济的基础；但是如果没有管理，数据不可能成为黄金，甚至还有可能会成为巨大的风险。要构建数据管理体系，首先要明确数据管理的范围。以教育系统数据管理体系为例，数据可分为物联数据、业务数据和日志数据三类。其中，业务数据又分为线上数据和线下数据。线上数据又分为库表数据和接口数据，如图 5-1 所示。

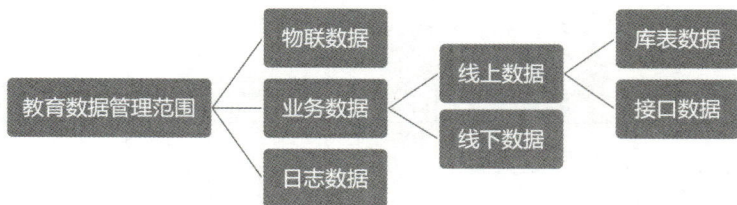

图 5-1　教育数据管理范围

(1) 物联数据。智慧校园建设的物联网设备包括人脸识别设备、智能锁、热成像仪、各类传感器等，这些智能设备产生的数据称为物联数据。物联设备协议模型主要描述感知设备是什么、能做什么、可以提供什么样的感知数据、能够产生的事件信息等。物联数据的管理、存储和使用方式都跟业务数据和日志数据有很大不同，所以物联数据需要与其他数据分开考虑。

(2) 业务数据。业务数据是指高校各个行政管理部门和学院在管理工作过程中产生的结构化数据，如人员基本数据，学生成绩数据，科研项目数据等。通过信息系统生产、管理、消费的业务数据称为线上数据。线上数据因为交换方式的不同，分为库表数据和接口数据。业务系统通过 ETL(Extract-Transform-Load) 方式交换给数据中台的数据称为库表数据。业务系统通过 API(Application Programming Interface) 方式交换给数据中台的数据称为接口数据。接口数据对接的技术成本较高，其管理也需单独考虑。另外，还未建设信息系统的部门，或信息系统未纳管的业务产生的数据，一般存储于 Excel、Word 表格中，这样的数据称为线下数据。线下数据往往是数据消费中很重要的一环，必须在数据汇聚环节就统筹考虑这部分数据的采集方案。

(3) 日志数据。日志数据指 IT 系统产生的过程性事件记录数据，包括系统日志、网络日志、设备日志等。日志数据大多为半结构化数据，需要进行结构化转换后才可交换给下游使用。

5.1.2　教育数据管理体系

从业务视角看教育数据管理体系，自顶向下依次是应用展示层、应用中台层、数据中台 (厚中台) 层、数据接入层，如图 5-2 所示。

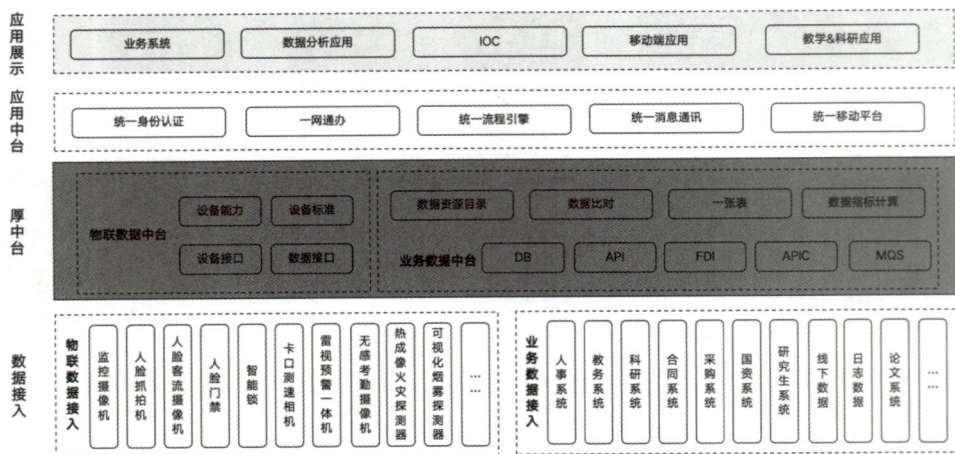

图 5-2　教育数据管理体系

(1) 数据接入层：通过统一数据集成管道、日志平台、物联中台集成工具、数据补录平台将业务数据、日志数据、物联数据、线下数据接入相应的数据中台 (厚中台) 层的数据湖中实现数据汇聚。

(2) 数据中台 (厚中台) 层：不同于一般意义上的数据中台，教育行业在传统数据中台的基础上提出了"厚中台"的概念。传统的数据治理仅限于业务数据，重治理，轻管理。但随着物联网的发展，物联网设备开始在高校教学科研管理工作中发挥重要作用，而移动互联网的普及和各类传感器的应用，也让数据采集的成本降低，规模扩大。例如，西安电子科技大学在数据治理工作中提出了将物联数据、业务数据以及其他一些汇聚成本高的接口数据和日志数据统筹管理的厚中台模式，同时向上延伸，将数据的管理运营工作碎片化到数据全生命周期的各个阶段。其中，物联数据中台负责物联数据的接入、治理和开放；业务数据中台管理业务数据的接入、治理、标准建设、数据开放和日志数据的接入、结构化。总之，厚中台向下扩展了数据管理的范围，向上拓宽了数据开放的方式和途径，向内完善了数据管理的规范，向外增强了数据服务的能力。

(3) 应用中台层：数据中台层和应用展示层之间的过渡层，根据信息化的顶层设计思路，为了充分发挥信息化工具的能力，最大限度地向师生提供服务，避免校内应用分散、消息不畅、流程不通等问题，应用中台要求系统上线运行前需要与统一身份认证、一网通办、统一流程引擎、统一消息通讯、统一移动平台等校内统一支撑平台对接，对有相关功能的系统提供统一的业务支撑。

(4) 应用展示层：校内各类应用对数据的使用层。从图 5-2 中可以看出，在教育数据管理体系中，数据从汇聚、治理到分发的过程是贯穿始终的，由此实现了数据的互联互通和应用的快速上线。

从顶层规划看教育数据管理体系，就是构建以数据分级分类和数据安全评估为抓手，以"互联互通、信息共享、业务协同"为目标，以"覆盖全校、统一标准、上下联动、安全高效"为导向的高校教育数据安全治理体系。

(1) 数据标准是基础。充分认识和把握数据汇聚、治理、共享、开放、使用、安全等基本规律，探索有利于数据安全保护、有效利用、合理共享的制度和体系，完善数据要素体制机制，在实践中完善，在探索中发展，促进形成与数字化转型相适应的新型教育教学体系。

(2) 分级分类是依据。2022 年，教育部发布《教育系统核心数据和重要数据识别认定工作指南 (试行)》，文件中指出：教育数据按照内容属性可分为机构数据、人员数据、业务数据等三类；教育数据按照重要性、精度、规模、安全风险等分为核心、重要、一般三级。摸清家底，加强数据分类分级管理，把该管的管住、该放的放开，让数据开放有据可依。

(3) 开放共享是核心。坚持共享共用，释放数据价值红利。顺应经济社会数字化转型发展趋势，提高数据要素供给数量和质量。在数据分级分类的基础上，建立数据合规共享体系，增强数据的可用、可管、可控性。

(4) 数据安全是底线。完善数据治理体系，保障数据安全发展。贯彻国家法律法规，强化数据安全保障体系建设，把安全贯穿于数据汇聚、数据治理、数据开放、数据使用的全过程，划定监管底线和红线。全面评估数字化转型过程中的数据安全问题，为教育教学数字化转型保驾护航。

5.1.3　教育数据治理

随着第四次工业革命的来临，数字化生产已经渗透各个领域，教育系统信息化蓬勃发展。但教育信息化工作在初期建设时缺乏顶层规划，形成了很多数据孤岛，数据没有统一的标准，这些问题限制了学校的运行效率和发展，要进行数字化转型，数据治理是绕不开的话题，更是难啃的"硬骨头"。

1. 数据治理的定义

数据治理是数据管理最核心的内容，以下是一些数据治理的定义。

《信息技术大数据术语》(GB/T 35295—2017) 中将数据治理定义为对数据进行处置、格式化和规范化的过程，认为数据治理是数据和数据系统管理的基本要素，数据治理涉及数据全生存周期管理，无论数据是处于静态、动态、未完成状态还是交易状态。

《信息技术服务治理第 5 部分：数据治理规范》(GB/T 34960.5—2018) 中将数据治理定义为数据资源及其应用过程中相关管控活动、绩效和风险管理的集合。

国际数据治理研究所 (DGI) 认为，数据治理是一个通过一系列信息相关的过程来实现决策权和职责分工的系统，这些过程按照达成共识的模型来执行，该模型描述了谁 (Who) 能根据什么信息，在什么时间 (When) 和情况 (Where) 下，用什么方法 (How)，采取什么行动 (What)。

国际数据管理协会 (DAMA) 认为，数据治理是建立在数据管理基础上的一种高阶管理活动，是各类数据管理的核心，指导所有其他数据管理功能的执行，在 DMBOK 2.0 中数据治理是指对数据资产管理行使权力、控制和共享决策 (规划、监测和执行) 的系列活动。

在《数据资产管理实践白皮书 (4.0 版)》中，数据资产管理是指规划、控制和提供数据及信息资产的一组业务职能，包括开发、执行和监督有关数据的计划、政策、方案、项目、流程、方法和程序，从而控制、保护、交付和提高数据资产的价值。

从上述定义中可以看出，对不同行业不同领域来说，数据治理的内容和重点都略有不同，但其目标大体一致，即提升数据的价值，提高数据的质量。

2. 数据治理的过程

数据治理的过程是一个系统化、结构化的活动序列，旨在确保数据的质量、可用性、完整性和安全性，同时支持业务决策和运营。

1) 规划数据治理

高校数据治理应该首先确定数据治理的目标和范围。高校业务繁杂，数据治理应从核心部门的核心业务入手，全面评估现有的数据环境和数据需求，制定数据治理策略和路线图，确定数据治理的目标，进行现状分析，识别数据管理中存在的问题和改进机会，制定数据治理的长远规划和短期目标，包括技术、流程和人员方面的计划。

2) 建立组织架构

数据治理工作一定是一个"一把手"工程，需要组建跨部门的数据治理委员会和数据治理团队，明确数据治理团队的职责，包括数据管理、数据质量、数据安全等，确定数据治理的组织结构，包括数据治理委员会、数据管理团队、数据质量团队等。数据治理委员会负责目标和方向的把控，数据治理团队按照制定好的策略和路线图开展具体工作。

3) 制定政策和标准

制定数据治理政策，明确数据管理的原则和指导方针。制定的数据标准包括数据格式、数据定义、数据分类等，以确保数据的一致性和可比性。制定数据安全和隐私政策，确保高校遵守相关法律法规，并保护个人和敏感数据。

4) 管理数据质量

建立数据质量评估框架，定期检查数据的准确性、完整性、一致性和时效性。实施数据清洗和质量改进计划，通过自动化工具和流程提高数据质量。持续监控数据质量，确保数据质量标准得到持续遵守。

5) 数据集成和标准化

确定数据集成策略，选择合适的技术和工具来集成分散的数据源。实施数据标准化流程，确保数据在整个组织中保持一致性。解决数据集成过程中的技术问题，如数据映射、转换和同步等。

6) 创建数据目录和元数据

创建数据目录，使数据资产对用户可见和可搜索。管理元数据包括数据定义、数据关系、数据来源等，以支持数据的发现和理解。提供数据血缘信息，帮助用户理解数据的来源和流向。

7) 数据治理培训

对管理者进行数据治理培训，提高其数据意识和数据管理能力。建立数据驱动的文化，鼓励基于数据的决策和创新，提升校内师生的信息化素养。培养管理者对数据治理的责任感，确保数据治理措施得到广泛遵守。

8) 持续改进和发展

根据业务发展和技术变革，不断调整和优化数据治理策略。持续改进数据治理流程，提高数据治理的效率和效果。适应新的数据治理要求和挑战，如新的法规要求、新的数据类型等。

3. 数据标准模型

汇聚治理高校数据后，要形成高校数据标准，应参考国家标准，再根据各高校实际形成可落地的校标。表 5-1 是可参考的高校数据标准模型，可将此模型作为基础分类，再根据第 5.3 节的内容在此分类基础上分级。

表 5-1 可参考的高校数据标准模型

GXJG 教职工管理数据集	GXJG01 教职工基本数据类
	GXJG02 教学科研数据类
	GXJG03 岗位职务数据类
	GXJG04 教职工考核数据类
	GXJG05 聘用管理数据类
	GXJG07 离退休数据类
	GXJG08 专家管理辅助数据类
	GXJG09 职工兼职数据类
	GXJG10 学习进修数据类
	GXJG11 论文认领数据类
	GXJG12 教职工办事流程类

续表一

GXCW 财务管理数据集	GXCW01 项目经费数据类
	GXCW02 教职工个人收入数据类
	GXCW03 学生收费数据类
GXZC 资产与设备管理数据集	GXZC01 学校用地数据类
	GXZC02 学校建筑物数据类
	GXZC03 设施数据类
	GXZC04 实验室管理数据类
	GXZC05 仪器设备管理数据类
	GXZC06 其他资产数据类
	GXZC07 大型仪器设备数据类
GXWS 外事（港澳台）管理数据集	GXWS01 国（境）院校及机构单位数据类
	GXWS02 来华留学数据类
	GXWS03 出国（境）留学工作数据类
	GXWS04 国（境）内人员护照证件、签证（注）管理类
	GXWS05 留学生数据
	GXWS06 国际交流数据类
	GXWS07 出国境数据类
GXCG 采购管理数据集	GXCG01 采购数据类
	GXCG02 采购直采数据类
	GXCG03 招投标数据类
	GXCG04 采购竞价
GXHQ 后勤管理数据集	GXHQ01 管网管线数据类
	GXHQ02 车辆车位数据类
	GXHQ03 人员照片数据类
	GXHQ04 学生住宿数据类

GXHQ 后勤管理数据集	GXHQ05 节能监管数据类
	GXHQ06 校医院数据类
	GXHQ07 达效系统数据类
	GXHQ08 能源管理数据类
GXXY 校友管理数据集	GXXY01 校友基础数据类
GXBG 办公数据集	GXBG01 流程发文数据类
	GXBG02 督办督查数据类
	GXBG03 考核考评数据类
GXXX 学校概况数据集	GXXX01 学校基本数据类
	GXXX02 学校委员会（领导小组）数据类
	GXXX03 院系所单位数据类
	GXXX04 学科点数据类
GXGGGL 公共管理数据集	GXGGGL01 自助打印
	GXGGGL02 消息年度发送数据类
	GXGGGL03 高性能计算
	GXGGGL04 体育馆门禁数据类
	GXGGGL05 体育馆预约
	GXGGGL06 校外人员账号
GXKY 科研管理数据集	GXKY01 科研项目基本数据类
	GXKY02 科研机构数据类
	GXKY03 科研成果数据类
	GXKY04 学术交流数据类
	GXKY05 科研论文数据类
	GXKY06 科研专利数据类
GXTS 图书管理数据集	GXTS01 图书基础数据类
	GXTS02 门禁闸机数据类
	GXTS03 图书馆预约数据类

续表三

GXJX 教学管理数据集	GXJX01 专业信息数据类
	GXJX02 课程数据类
	GXJX03 本科生教学计划数据类
	GXJX04 研究生教学计划数据类
	GXJX05 班级数据表
	GXJX06 考试安排数据类
	GXJX07 教学考核数据类
	GXJX08 教学管理数据类
	GXJX09 助教数据类
	GXJX10 教学培训及研讨活动数据类
GXXS 学生管理数据集	GXXS01 学生基本数据类
	GXXS02 学生招生数据类
	GXXS03 学籍数据类
	GXXS04 学位、学历数据类
	GXXS05 实践活动数据类
	GXXS06 经济资助数据类
	GXXS07 毕业生相关数据类
	GXXS08 学生论文数据类
	GXXS09 学生导师数据类
	GXXS10 学生成绩数据类
	GXXS11 学生考勤数据类
	GXXS12 思想政治教育管理数据类
	GXXS13 宿舍卫生检查数据类
	GXXS14 学生成果数据类
	GXXS15 学生节假日期信息

5.2　数据安全

5.2.1　数据安全定义

《中华人民共和国数据安全法》第三条中指出，数据安全是指通过采取必要措施，确保数据处于有效保护和合法利用的状态，以及具备保障持续安全状态的能力。

必要措施是指从组织建设、制度流程、技术工具、人员能力四方面采取的安全措施；有效保护是指在数据全生命周期中，采取数据脱敏、数据加密、数据备份、数据接口安全等具体措施；合法利用是指数据的正当使用。

数据安全有两方面的含义：一是数据本身的安全，主要是指利用密码学中的各类加解密算法对数据进行主动加解密；二是数据防护的安全，主要是采用现代信息存储手段（如本地数据备份服务、远程异地备份等）对数据采取安全保护措施。

5.2.2　数据安全背景与风险

2022 年以来，我国围绕数字经济发展，在政策方面，国家陆续颁布了《关于构建数据基础制度更好发挥数据要素作用的意见》（以下简称"数据二十条"）、《数字中国建设整体布局规划》等纲领性文件。随着数据要素化进程的迅速发展，数据的广泛流动和实时传输在释放巨大数据价值的同时，也带来了日益严重的数据安全威胁。除了传统的数据泄露、窃取和破坏，还面临以下很多新的数据安全风险。

1. 个人信息滥用和数据垄断

互联网平台企业大多依赖数据来推动业务发展，如商业推广、精准营销等。但是为了实现利益最大化，一些企业会滥用个人信息并垄断数据资源，加剧了数据安全威胁。

2. 数据跨境流动引发国家和个人安全隐患

随着全球化的加速，跨境数据传输的种类、数量和频率都大幅增加。这不仅对个人隐私构成严重威胁，还可能使我国的战略动向易被外界观察和预测，给国防安全带来重大隐患。

3. 人工智能技术面临多个方面的安全风险

一方面，人工智能模型算法容易受到攻击和修改，可能导致人工智能系统做出错误的判断；另一方面，基于人工智能的新型攻击日益增多，例如，针对特定个人和场景的精准钓鱼攻击、利用人工智能合成声音进行的网络诈骗等骗局已经开始在人们的网络生活中蔓延。

以上这些安全风险的存在，都需要采取有效的措施加强数据安全的防护，从而应对数字化新时代的挑战。

5.2.3 数据安全基本特征

以教育行业为例，其数据安全有以下 7 个基本特征，分别是机密性、完整性、可用性、可审计性、可控性、非否认性和真实性。

(1) 机密性 (Confidentiality)：确保教育数据不被未经授权的个人或实体访问或利用，包括学生、教职员工和教育机构的敏感信息。

(2) 完整性 (Integrity)：保证教育数据在存储和传输过程中不被篡改、损坏或丢失，确保数据的准确性和完整性。

(3) 可用性 (Availability)：保证合法用户可以按需访问和使用教育数据，防止数据不可用对教育教学和管理造成影响。

(4) 可审计性 (Auditability)：确保在教育数据的处理和交换过程进行审查和追踪，以便追责和监督数据操作的合法性和规范性。

(5) 可控性 (Controllability)：教育机构应对教育数据的内容和传播具有一定的控制能力，能够控制数据的访问权限和传播方式。

（6）非否认性（Non-repudiation）：确保教育数据的发送方和接收方不能否认已发送或接收的数据，以维护数据交换的合规性和合法性。

（7）真实性（Authenticity）：保证教育数据的来源和内容真实可靠，防止数据被伪造或篡改。

在提升数据安全时需要对这 7 个特征综合考虑。

5.2.4　数据全生命周期

数据全生命周期是指数据从创建或收集开始，直至销毁结束的整个过程。数据全生命周期的作用在于为数据管理提供了明确的框架和指导。《基于 DSMM 的数据安全评估方案设计研究》一文中指出，数据全生命周期具体包括以下 6 个阶段。

（1）数据采集：从各种来源获取数据的过程。

（2）数据传输：将数据从一个位置移动到另一个位置的过程。

（3）数据存储：将数据保存在某种形式的存储介质上的过程。

（4）数据处理：组织在内部对数据进行计算、分析、可视化等操作的阶段。

（5）数据交换：组织与组织或个人进行数据交换的阶段。

（6）数据销毁：通过对数据及数据存储媒介进行操作，使数据彻底删除且无法通过任何手段恢复的过程。

数据全生命周期界定了数据从产生到消亡的整个过程，包括数据的采集、传输、存储、处理、交换和销毁 6 个阶段。教育部要求教育系统建立覆盖数据全生命周期的安全管理机制，以确保数据安全。

5.2.5　数据安全事件

1. 数据安全事件定义

数据安全事件指通过技术或其他手段对数据实施篡改、假冒、泄露、窃取等，导致业务损失或造成社会危害的网络安全事件。《GB/T 20986—2023 信息安全技术　网络安全事件分类分级指南》中定义了 12 个子类，下面仅介绍其中 6 类。

(1) 数据篡改事件：未经授权接触或修改数据。

(2) 数据假冒事件：非法或未经许可使用、伪造数据。

(3) 数据泄露事件：无意或恶意通过技术手段使数据或敏感个人信息对外公开泄露。

(4) 数据窃取事件：未经授权利用技术手段偷窃数据。

(5) 数据损失事件：因误操作、人为蓄意或软硬件缺陷等因素导致数据损失。

(6) 其他数据安全事件：不在以上子类之中的数据安全事件。

2. 近年数据安全事件案例

近年来，由于黑客入侵造成的数据安全事件频发。黑客组织出于各种动机，包括政治、名誉和经济利益，在网络空间中精心策划各种攻击活动。这些攻击通常具有高度的隐蔽性和针对性，他们利用感染的介质、供应链和社会工程学等手段实施攻击，旨在获取个人资料、账户凭证、医疗信息、企业电子邮件以及其他敏感数据。这种威胁的持续演变使得数据安全变得更加复杂和迫切。

1) 黑客组织入侵的典型案例

(1) 西北工业大学被境外组织攻击。

2022 年 6 月，西北工业大学报告了一起针对其电子邮件系统的网络攻击事件。黑客组织和不法分子向师生发送包含木马程序的钓鱼邮件，企图窃取邮件数据和个人信息。西安市公安机关对此高度重视，成立联合专案组进行立案侦查。经过调查，初步判断西北工业大学长期遭受美国国家安全局 NSA 的网络攻击。

(2) 台湾民众数据泄露。

2022 年 11 月初，据媒体报道，台湾网络系统遭到黑客入侵，黑客在国外论坛上公开出售涉及 2300 万台湾民众的数据，打包价高达 5000 万美元。

(3) 优步科技数据泄露。

2022 年的 9 月 15 日，全球最大的出行服务公司 Uber 遭受了一次严重的数据泄露事件。一名年仅 18 岁的黑客成功入侵了 Uber 的系统，他通过购买被盗的员工凭证，并利用多因素身份验证 (MFA) 请求和虚假 IT 消息来骗取员工的许可，从而进入了 Uber 的特权账户，并获取了关键信息。

2) 非法数据交易造成的数据泄露案例

除黑客入侵外，非法数据交易造成数据泄露的事件也有很多。近年来，非法获取和买卖公民个人信息的案件屡见不鲜，涉及的个人信息规模之大令人震惊，已经对个人生活甚至人身安全造成了严重影响。

(1) 上海随申码数据被拍卖。

2022 年 8 月，有人在某个黑客论坛上发布了一个帖子，以 4000 美元的价格拍卖上海随申码数据库。据称，该数据库包含 4850 万用户的随申码数据，涵盖了自随申码推行以来居住或到访过上海的所有人员的身份证、姓名及手机号码等信息。此外，发帖者还公开了 47 组样本数据以证实数据的真实性，这些数据包含了用户的手机号码、姓名、身份证号、随申码颜色和 UUID 等多项信息。

(2) 快递单信息每日泄露上千条。

2022 年 11 月 15 日，某大型物流公司的用户快递面单信息数据遭到泄露，泄露规模达到每日上千条。调查发现，泄露的主要原因是快递站点工作人员在进行面单拍摄时出现了不当操作，导致数据泄露。这些泄露的数据被该人员在 Telegram 等交易平台上以每单 4 元人民币的价格出售。

(3) 网络诈骗非法获取数据。

近年来，电信网络诈骗犯罪频发，成为刑事犯罪案件中的一大重点。这些案件的背后，非法泄露公民个人信息成为了网络犯罪链条中的关键环节。

(4) 假借冬奥知识传播活动之名实施诈骗。

2022 年 2 月，江苏南通警方成功破获了一起以冬奥知识传播活动为幌子的诈骗案。李某辉与汤某峰等人未经冬奥组委会授权，开发了一个名为"冬奥知识竞赛平台"的软件，非法获取了全国大中专院校在校学生的个人信息 350 多万条，并向部分参与者收取证书工本费，总计超过 1000 万元。

(5) 非官方 App 导致信息泄露。

随着非官方下载的 App 越来越多，部分应用出现了未经授权和超范围采集使用个人信息的问题，从而导致用户个人信息泄露和滥用的风险。因此，公众在使用这些 App 时应加强风险防范意识，不要轻易在网上填写个人信息或进行网站注册。

3. 高校数据安全事件应急处置

在高校数据安全应急预案中，针对《信息安全技术网络安全事件分类分级指南》(GB/T 20986—2023) 中定义的 6 类数据安全事件，应明确相应的应急处置措施，包括：

(1) 数据安全事件的监测和提醒。

(2) 确认事件及该事件的范围和影响。

(3) 隔离受影响的接口或数据。

(4) 初步调研取证并通知相关方。

(5) 取证溯源。

(6) 数据还原。

(7) 修复漏洞。

(8) 总结改进。

(9) 持续监测。

5.2.6　数据安全内部威胁

高校数据安全的内部威胁主要来源于高校内部人员，包括员工、业务伙伴或任何有系统访问权限的人。这些威胁可能是有意的，也可能是无意的，但都有可能对学校的数据安全造成严重影响。内部威胁在高校中可能出现的常见形式主要有以下 5 种。

(1) 恶意行为。高校内部人员故意泄露、窃取或破坏组织的敏感数据和知识产权，出于报复、贪婪或其他个人动机，故意泄露敏感数据或破坏系统。

(2) 安全意识不足。高校内部人员由于疏忽或缺乏安全意识，可能会无意中泄露敏感信息。例如，他们可能通过不安全的网络连接发送敏感数据，或将敏感文件遗留在公共场所。此外，不遵循安全的工作流程也可能导致信息泄露，这些行为包括使用弱密码、共享账户凭证或在无人监管的区域内未锁定设备。

(3) 利用内部权限。高校内部人员滥用权限，无正当理由访问重要业务、查看敏感信息；未经授权修改、删除或导出敏感数据。

(4) 社会工程学攻击。针对高校内部人员，利用社会工程学策略 (如钓鱼攻击)，使他们无意中协助攻击者获取对高校系统的访问权限。

(5) 离职威胁。高校内部人员在离职时可能会带走敏感信息，或在离开前故意对学校的数据和系统造成损害。

5.3　数据分类分级

数据分类分级是我国数据安全管理的重要基础制度之一。通过系统的评估和分类，将数据划分为不同类别和级别，从而更有效地管理和使用数据。数据处理者应根据数据的密级和敏感程度，制定相应的管理和使用策略，以实现有针对性的防护，尽量避免对敏感数据防护不足和对非敏感数据过度防护的问题。

5.3.1　数据分类分级概述

数据分类是依照数据的来源、内容和用途对数据进行区分；数据分级则是根据数据的价值、内容的敏感程度、影响和分发范围不同，对数据进行敏感级别划分。《网络数据安全管理条例 (征求意见稿)》中提出，国家建立数据分类分级保护制度，按照数据对国家安全、公共利益或者个人、组织合法权益的影响和重要程度，将数据分为一般数据、重要数据、核心数据，不同级别的数据采取不同的保护措施。其中，国家对个人信息和重要数据进行重点保护，对核心数据实行严格保护。

数据分类和分级主要依据既定标准，对业务数据进行定义和整理，是一项需要研究和审批的过程。数据处理者不应仅止步于形成一份数据资产清单，因为数据是动态流动的，业务需求也在不断变化。因此分类分级清单应随时更新，并建立符合分类分级和审核上报目录的闭环流程，同时根据数据的敏感程度和密级，制定相应的防护策略，以确保数据安全和有效管理。

5.3.2　数据分类分级基本原则

《数据安全技术　数据分类分级规则》(GB/T 43697—2024) 中将数据分类分级依照以下 5 个基本原则展开。

(1) 科学实用原则。数据分类应从便于数据管理和使用的角度，科学选择常见、稳定的属性或特征作为数据分类的依据，并结合实际需要对数据进行细化分类。

(2) 边界清晰原则。数据分级的主要目的是保障数据安全，各个数据级别应做到边界清晰，对不同级别的数据采取相应的保护措施。

(3) 就高从严原则。数据分级采用就高不就低的原则，当多个因素可能影响数据分级时，按照可能造成的各个影响对象的最高影响程度确定数据级别。

(4) 点面结合原则。数据分级既要考虑单项数据分级，也要充分考虑多个领域、群体或区域的数据汇聚融合后对数据重要性、安全风险等的影响，通过定量与定性相结合的方式综合确定数据级别。

(5) 动态更新原则。根据数据的业务属性、重要性和可能造成的危害程度的变化，对数据分类分级、重要数据目录等进行定期审核更新。

5.3.3　高校数据分类分级流程

数据分类分级是数据安全治理实践过程中的关键场景，是数据安全工作的桥头堡和必选题。结合行业实践，本章提出的数据分类分级流程如图 5-3 所示，可供高校在数据分类分级工作时参考。

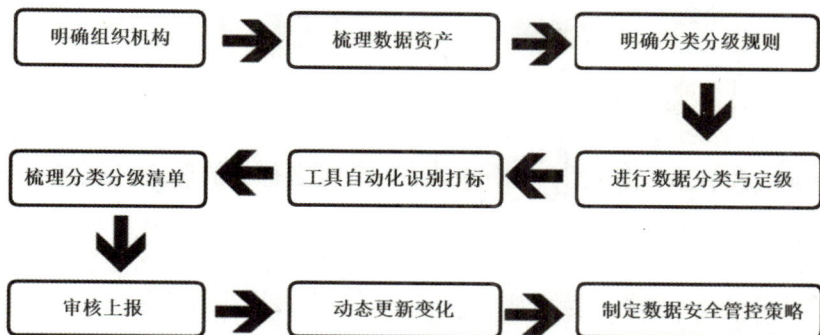

图 5-3　数据分类分级流程

对数据分类分级流程的说明如下。

(1) 明确组织机构：明确负责数据分类和分级工作的组织机构和职责分配，以便推进工作。

(2) 梳理数据资产：识别组织内部的所有数据资产，梳理数据资产清单。

(3) 明确分类分级规则：参照国家和行业的分类分级要求和规范，结合组织的具体特点，明确数据分类和分级的方法和策略。

(4) 进行数据分类与定级：确保数据得到正确识别和分类，并依据其敏感性和重要性采取适当的保护措施。根据制定的分类原则和策略，明确分类清单，对数据资产清单中的数据进行分类。根据分类进行定级，将数据从高到低分为核心、重要、一般三个级别，并按照分级策略对分类后的数据进行分级。

(5) 工具自动化识别打标：使用数据分类分级自动化工具，根据预设的分类分级标准自动识别和分类数据，帮助企业自动进行数据打标和分类。

(6) 梳理分类分级清单：根据分类分级的成果，梳理出数据分类分级清单。

(7) 审核上报：对数据分类分级结果进行审核，并按照相关程序报送目录。

(8) 动态更新变化：根据数据的重要性和可能带来的危害程度的变化，对数据分类分级规则、重要和核心数据目录、数据分类分级清单和标识等进行动态更新和管理。

(9) 制定数据安全管控策略：依据数据级别，制定相应的数据安全控制策略并实施防控措施。

5.3.4　数据分类分级实施过程

本节结合图 5-3 的数据分类分级流程，讲解各部分的详细实施方法。

1. 明确组织机构

对组织来说，数据分类分级工作是一项复杂且长期的任务，它涉及业务知识、数据知识和安全知识的交叉领域，需要多个相关部门的协同努力。因此明确数据分类分级工作的组织架构，并划分各部门的职责，是确保这一工作顺利开展的关键。在高校中，首先理清数据安全责任，其次确定数据分类分级责任。

在高校中，学校网络安全和信息化领导小组 (以下简称 "网信领导小组") 是学校数据安全管理工作的领导机构，负责数据安全工作的统筹管理以及重大事项决策。数据安全管理总体遵循统一标准原则、全程管控原则、安全共享原则。数据生产单位应当按照 "谁提供、谁负责" 的原则，负责本单位数据汇聚过程中的安全管理。数据运营单位应当按照 "谁经手、谁负责" 的原则，负责数据中台的全生命周期安全管理。数据使用单位按照 "谁使用、谁负责" 的原则，负责共享数据使用全过程安全。

高校的系统从数据管理模式角度可以分为数据中台类平台和各单位业务系统，数据管理部门牵头和统筹数据中台类平台的数据分类分级工作并出具相应的分类分级指南，各部门按照分类分级指南负责各自业务系统的数据分类分级工作。

2. 梳理数据资产

在进行数据分类分级之前，首先需要对组织内的所有数据资源进行全面识别和梳理。这一步骤的目的是明确当前组织内部存储了哪些数据，包括数据的存储格式、数据范围、数据流转形式、数据访问控制方式以及数据的价值高低等详细信息，并最终形成一个完整的数据资产清单。在实际工作中，数据资产的梳理有以下两种常见的视角。

(1) 基于数据治理的视角。这种视角首先关注数据质量管理，以全面盘点和梳理所有数据为主要目标。在这个过程中，对整个组织的数据进行系统性识别和整理。这不仅能够达到提升数据质量的目的，还可以将这些梳理结果应用到数据分类和分级工作中。例如，通过对现有数据的全量审查，可以发现并修正数据中的错误和不一致，提高数据的准确性和完整性，从而为后续的数据分类与分级提供可靠的基础。

(2) 基于数据安全的视角。该视角从数据安全的角度出发，优先识别和梳理敏感数据，旨在迅速响应相关的数据安全管理要求，从而尽快实施必要的安全措施。随着工作的深入，这种梳理逐渐扩展到更广泛的数据范围，最终覆盖到整个数据域。这种策略可以确保在短时间内重点保护关键数据，同时为未来的整体数据治理打下基础。

常规的数据识别流程为梳理→判断→识别→审核→标识→形成目录，各步骤详细内容如表 5-2 所示。

表 5-2　常规的数据识别流程

序号	步　骤	详　细　内　容
1	梳理	进行数据资产的盘点、整理和分类，以创建一份详尽的数据资产目录
2	判断	确定资产清单中不同类型数据的价值和敏感性，以及数据受损可能对国家安全和公共利益带来的后果
3	识别	识别数据资产中的重要数据、核心数据和一般数据
4	审核	对识别出的重要数据、核心数据和一般数据进行审核
5	标识	对判定为重要数据、核心数据的数据对象，增加重要数据、核心数据标识
6	形成目录	填表描述经审核确定的重要数据、核心数据和一般数据，以目录形式形成重要数据、核心数据和一般数据最终识别结果，并定期更新

3. 明确分类分级规则

在数据分类分级工作中，制定适当的规则是关键。组织需要参考国家及行业的相关要求和规范，结合自身业务属性与管理特点，明确数据分类分级的规则，包括明确数据分类与定级的基本原则和方法，以指导工作的有效开展。

近年来，各行业和领域纷纷制定了相关标准和规范，并在此基础上给出部分示例，将国家对数据分类分级的管理要求进行了更深入的细化，推动该项工作在不同行业企业及组织机构落地实施。表 5-3 所示为近几年数据分类分级的相关规范。这些规范为各行业提供了具体的指导，使组织在数据分类分级的过程中有章可循，确保了工作的规范性和有效性。

表 5-3　近几年数据分类分级的相关规范

行　业	数据分类分级标准
政务	2016 年 9 月 28 日，DB52/T 1123—2016《政府数据 数据分类分级指南》发布，是贵州省政府进行数据分类和分级的顶层标准，定义了贵州省全省范围内政府数据资源的分类分级原则和方法
证券	2018 年 9 月 27 日，JR/T 0158—2018《证券期货业数据分类分级指引》开始实施，给出了证券期货业数据分类分级方法概述及具体描述，并就其中的关键问题处理给出建议
金融	2020 年 9 月 23 日，JR/T 0197—2020《金融数据安全 数据安全分级指南》开始实施，给出了金融数据安全分级的目标、原则和范围，明确了数据安全定级的要素、规则和定级过程
电信	2020 年 12 月 9 日，YD/T 3813—2020《基础电信企业数据分类分级方法》开始实施，规定了基础电信企业数据分类原则、数据分类工作流程和数据分级方法
医疗	2020 年 12 月 4 日，GB/T 39725—2020《信息安全技术 健康医疗数据安全指南》发布，为健康医疗数据控制者对健康医疗数据开展安全保护工作提供指导

因此，如果行业领域主管部门已制定了行业领域数据分类分级规则，则处理者应结合自身实际，参考已制定的数据分类分级方法，按照行业领域数据分类分级规则细化执行；如果所属行业领域没有行业主管部门认可的数据分类分级标准规范，或存在行业领域规范未覆盖的数据类型，可以按照 GB/T 43697—2024《数据安全技术 数据分类分级规则》进行数据分类分级，如果业务涉及多个行业领域，则可以在参考以上标准的基础上，针对各个行业领域分别执行相应的数据分类分级标准规范。部分高校通过制定数据分类分级管理办法，明确了高校数据分类分级的基本规则与策略。

在本书出版前，教育行业还没有自己的分类分级规范，本书尝试提出高校数据分类分级指南，内容分散在本书各个环节中。

本书参考教育部研究制定的《教育系统核心数据和重要数据识别认定工作指南 (试行)》，根据数据中台的重要性、精度、规模、安全风险等，将数据分为核心、重要、一般三大类。

其中，核心数据指在教育系统内具有较高覆盖度或达到较高精度、较大规模、一定深度的重要数据，一旦被非法使用或共享，就可能直接影响政治安全。

满足以下条件之一的，应纳入核心数据的建议范围：

(1) 高精度、未公开的覆盖全国范围的教育机构数据；

(2) 1 亿人及以上个人信息或 1000 万人及以上敏感个人信息；

(3) 1000 万条及以上经过计算加工生成的，对数据描述对象有较深刻画，且影响国家安全的衍生数据；

(4) 经评估的其他数据。

重要数据是指在教育系统内达到一定精度和规模的数据，一旦被泄露或篡改、损毁，就可能直接危害国家安全、经济运行、社会稳定、公共健康和安全。仅影响组织自身或公民个体的数据，一般不作为重要数据。

满足以下条件之一的，应纳入重要数据的建议范围：

(1) 覆盖全国范围的教育机构数据；

(2) 1000 万人及以上个人信息或 100 万人及以上敏感个人信息；

(3) 全国性的业务数据；

(4) 在生成国家秘密的过程中所使用分析的原始非秘密数据；

(5) 经评估的其他数据。

未达到核心数据、重要数据要求的数据为一般数据。本指南将教育数据级别分为核心数据 (L5)、重要数据 (L4) 和一般数据，其中一般数据分为三级 (L3、L2、L1)。

4. 进行数据分类与定级

在组织的数据分类工作中，应依据既定的数据分类原则，创建一个多层级的数据类别清单，之后逐一对数据资产清单中的数据进行分类。在实践中，不同行业如基础电信、证券期货和工业行业已经发展出明确的分类方法和示例，这为相关行业组织提供了有益的参考。对于尚未形成分类模板的行业，组织可以依据通用的分类模板，从经营维度进行数据分类。通常，数据类别定义会因行业领域的不同而有所差异，并且需要确保不同类别之间不发生重复和交叉现象。

数据分类的基本流程如下：

(1) 确定数据处理者业务涉及的行业领域，如工业、电信、金融、能源、交通运输、自然能源、卫生健康、教育等。

(2) 按照业务所属行业领域的数据分类规则，对该业务运营过程中收集和产生的数据进行分类。

(3) 识别是否为有特定管理要求的数据，如法律法规有明确条款或监管部门有明确要求的 (如个人信息) 数据，需对个人信息、敏感个人信息进行区分标识。

(4) 如果某些数据类型未包含在行业领域的数据分类规则中，可以从组织的业务角度，结合自身管理数据的需求对数据进行分类。

部分高校通过制定数据分类分级管理办法，明确了数据的分类规则与方法，将数据分为机构数据、人员数据和业务数据三大类。高等院校数据分类表如表 5-4 所示。

表 5-4　高等院校数据分类表

一级分类示例	二级分类示例
机构数据	党政服务数据、教学科研数据、委员会数据、附属机构数据
人员数据	教职工人员数据、学生数据、校外人员数据
业务数据	资产数据、教学数据、科研数据、办公数据、财务数据、应用数据、学工数据、教职工管理数据、外事数据、校园管理数据

按照《中华人民共和国数据安全法》要求，根据数据在经济社会发展中的重要程度，以及一旦遭到泄露、篡改、破坏或者非法获取、非法利用，对国家安全、公共利益或者个人、组织合法权益造成的危害程度，将数据从高到低分为核心、重要、一般三个级别。GB/T 43697—2024《数据安全技术 数据分类分级规则》中的数据分级表如表 5-5 所示，数据分级参考规则如表 5-6 所示，一般数据分级如表 5-7 所示。

表 5-5　数据分级表

数据分级	定　义	示　例	保护措施
核心数据	一旦被泄露、篡改、破坏或者非法获取、非法利用、非法共享，可能直接危害政治安全、国家安全重点领域、国民经济命脉、重要民生、重大公共利益	国家安全数据、关键基础设施的控制系统数据、重要的政府决策数据等	对于核心数据，需要实施最高级别的安全保护措施，包括但不限于高度加密、严格的物理和网络访问控制、持续的安全监控和评估等
重要数据	一旦被泄露、篡改、破坏或者非法获取、非法利用、非法共享，可能直接危害国家安全、经济运行、社会稳定、公共健康和安全	企业的商业秘密、个人的敏感信息（如健康记录）、重要的财务数据等	重要数据需要较高级别的保护，包括访问控制、数据加密、数据备份和灾难恢复计划等
一般数据	一旦被泄露、篡改、破坏或者非法获取、非法利用、非法共享，仅影响小范围的组织或公民个体合法权益	公开的政府信息、企业的一般业务数据、个人的非敏感信息等	一般数据的保护措施相对宽松，主要确保数据的可用性和完整性，如基本的访问控制和常规的数据备份等

表 5-6　数据分级参考规则

影响对象	影响程度		
	特别严重危害	严重危害	一般危害
国家安全	核心数据	核心数据	重要数据
经济运行	核心数据	重要数据	重要数据
社会稳定	核心数据	重要数据	一般数据
公共利益	核心数据	重要数据	一般数据
组织权益、个人权益	一般数据	一般数据	一般数据

表 5-7　一般数据分级

数据级别	数据级别定义	数据级别描述
1 级数据	数据一旦遭到泄露、篡改、破坏或者非法获取、非法利用，不会对个人权益、组织合法权益造成危害	1 级数据具有公共传播属性，可对外公开发布、转发传播，但也需考虑公开的数据量及类别，避免由于类别较多或者数量过大被用于关联分析
2 级数据	数据一旦遭到泄露、篡改、破坏或者非法获取、非法利用，可能对个人权益、组织合法权益造成一般危害	2 级数据通常在组织内部、关联方共享和使用，相关方授权后可向组织外部共享
3 级数据	数据一旦遭到泄露、篡改、破坏或者非法获取、非法利用，可能对个人权益、组织合法权益造成严重危害	3 级数据仅可由授权的内部机构或人员访问，如果要将数据共享到外部，需要满足相关条件并获得相关方的授权
4 级数据	数据一旦遭到泄露、篡改、破坏或者非法获取、非法利用，可能对个人权益、组织合法权益造成特别严重危害，或可能对公共利益、社会稳定造成一般危害	4 级数据按照批准的授权列表严格管理，仅能在受控范围内经过严格审批、评估后才可共享或传播

数据分级主要考虑两个要素：影响对象和影响程度。不同行业在划分影

响对象和影响程度上可能存在差异，因此导致了分级结果的差异性。GB/T 43697—2024《数据安全技术　数据分类分级规则》明确了数据分级的基本原则，包括业务相关性、数据敏感性、风险可控性等。在此基础上，根据不同行业的特点和数据属性，进行数据分级工作，确保数据得到适当的保护级别。TC260-PG—20212A《网络安全标准实践指南——网络数据分类分级指引》中整理了常见的行业数据定级表，如表 5-8 所示。

表 5-8　常见行业数据定级表

行业领域	规 则 来 源	行业数据分级	数据分级类别
工业	《工业数据分类分级指南（试行）》	工业数据三级	核心数据级
		工业数据二级	重要数据级
		工业数据一级	一般数据级
电信	YD/T 3813—2020《基础电信企业数据分类分级方法》	第一级	一般数据 1 级
		第二级	一般数据 2 级
		第三级	一般数据 3 级
		第四级	一般数据 4 级
	YD/T 3867—2021《基础电信企业重要数据识别指南》	重要数据	重要数据级
金融	JR/T 0197—2020《金融数据安全　数据安全分级指南》	5 级	重要数据级
		4 级	一般数据 4 级
		3 级	一般数据 3 级
		2 级	一般数据 2 级
		1 级	一般数据 1 级
	JR/T 0171—2020《个人金融信息保护技术规范》	C3	一般数据 4 级
		C2	一般数据 3 级、4 级
		C1	一般数据 1 级、2 级

数据分级的基本流程包括确定分级对象、分级要素识别、数据影响分析和

综合确定级别。

(1) 确定分级对象：确定待分级的数据，如数据项、数据集、衍生数据、跨行业领域数据等。

(2) 分级要素识别：识别数据的领域、群体、区域、精度、规模、深度、重要性、安全风险等分级要素情况。

(3) 数据影响分析：参照 TC260-PG—20212A《网络安全标准实践指南——网络数据分类分级指引》，结合数据分级要素识别情况，分析数据一旦遭到泄露、篡改、破坏或非法获取、非法利用、非法共享，可能影响的对象和影响程度。

(4) 综合确定级别：按照分级参考规则，综合确定数据级别。

部分高校通过制定数据分类分级管理办法，明确了数据分级的规则与方法，将教育数据级别分为核心数据 (L5)、重要数据 (L4) 和一般数据。其中，一般数据分为三级 (L3、L2、L1)。高等院校数据定级表如表 5-9 所示。

表 5-9　高等院校数据定级表

数据级别	数据标识	影响对象			
		个人合法权益	组织利益	经济运行社会秩序公共利益	国家安全
L5	核心	—		特别严重危害	严重危害、特别严重危害
L4	重要	—		严重危害	一般危害
L3	一般	特别严重危害		一般危害	—
L2	一般	严重危害			
L1	一般	一般危害		—	—

5. 工具自动化识别打标

目前，各行业领域正逐步加快推进数据分类分级保护工作。一方面，由于企业内业务系统数量多，数据量大，数据嵌套于复杂业务场景，仅靠人工发现及梳理数据资产的方式耗时较久，投入产出比低，需要借助自动化工具降本增效。另一方面，由于不断发展的业务场景不间断地实时采集并衍生新数据，需要借助 AI 智能化技术优化识别规则，提高识别率，以推动数据分类分级工作的常态化和持续化。以上现状对数据分类分级工具的功能、性能及智能化成效提出了较高要求。数据分类分级自动化工具内置丰富的通用数据特征库和行业规则库，支持通过机器学习、正则、指纹、关键字、数据字典等多种技术，自动完成数据的分类分级。在人工核验阶段，可针对客户实际情况和需求进行规则微调，从而从根本上保证数据打标的正确率。在保存了规则和相关配置后，后续的新业务数据进入系统即可实现全自动化的分类分级打标工作。对于企业工具选型，根据 T/CCIASC 0006—2024《数据分类分级产品技术要求》中提出的方法，可按照性能要求、功能要求、安全保障要求和自身安全要求四个方面进行评估。

6. 梳理分类分级清单

在完成数据分类分级工作的基础上，组织还需制定一个全面的数据分类分级清单。制定这个清单的主要目的是明确数据类别和相应的安全级别，为各部门具体实施数据分类分级提供依据和指导。

高校数据分类分级清单如表 5-10 所示。

表 5-10　高校数据分类分级清单

一层大类	二层子类	范　围	数据示例
A- 机构类	A-1 党政服务类	A-1-1 党政服务机构信息 (L1)	机构名称、机构简介、组织架构、机构职能、成立年份、机构网址
		A-1-2 党政组织信息 (L2)	负责人姓名、组织类别、党支部类型、组织 ID、领导班子、组织名称、党务工作、行政职能

续表一

一层大类	二层子类	范　围	数　据　示　例
A- 机构类	A-2 教学科研类	A-2-1 教学科研机构敏感信息 (L3)	负责人电话、传真、电子邮件等
		A-2-2 教学科研机构基本信息 (L1)	机构名称、挂靠单位、机构邮编、学校 / 机构名称、主办单位、组织机构、机构编号、成立日期、网址、学科门类、组成形式等
		A-2-3 教学科研基地信息 (L2)	基地类型、基地建设时间、团队人数等
	A-3 委员会类	A-3-1 委员会信息 (L1)	委员会名称、委员会职责、成立日期、撤销日期、秘书单位、编号、层次、隶属、团组织类型等
	A-4 附属机构类	A-4-1 附属机构信息 (L1)	单位名称、单位代码、医院编号等
B- 人员类	B-1 教职工人员类	B-1-1 教职工个人敏感信息 (L3)	手机号、身份证件号、银行卡号、经费卡号、工资信息、家庭地址、电子邮箱、照片等
		B-1-2 教职工个人信息 (L2)	姓名、性别、毕业院校、专业、党政职务、教师资格证号、办公联系电话、特长、研究方向等
		B-1-3 教职工基本信息 (L1)	文化程度代码、校聘岗位代码、薪级工资级别代码、性别代码、学科类别代码、血型代码、一级学科代码、用人方式代码、在编情况代码、政治面貌代码等

续表二

一层大类	二层子类	范　围	数 据 示 例
B- 人员类	B-2 学生类	B-2-1 学生个人敏感信息 (L3)	身份证号、出生日期、银行卡号、照片、手机号、电子邮箱、家庭住址等
		B-2-2 学生个人信息 (L2)	姓名、QQ 号、微信、护照姓名、入学时间、学院名称、床位、考生准考证、证书号
		B-2-3 学生基本信息 (L1)	是否在校、人员分类名称、报到状态、学籍状态、学位授予时间、学生类型、专业代号、毕业年月、学制、学生学业总得分
		B-2-4 留学生个人敏感信息 (L3)	护照号码、宗教信仰、在华事务担保人电话等
		B-2-5 留学生个人信息 (L2)	姓名、家庭住址街道、推荐人、导师姓名、家庭成员等
		B-2-6 留学生基本信息 (L1)	学制、学习开始时间、在校状态、母语、培养层次等
	B-3 校外人员类	B-3-1 家属个人敏感信息 (L3)	家庭电话、照片、手机号、出生日期、身份证号等
		B-3-2 家属个人信息 (L2)	亲属姓名、家庭联系人、亲属关系、工作单位、月收入情况、国籍等
		B-3-3 校友个人敏感信息 (L3)	移动电话、固定电话、照片、证件号码等

续表三

一层大类	二层子类	范　围	数 据 示 例
B- 人员类	B-3 校外人员类	B-3-4 校友个人信息 (L2)	姓名、民族、网络用户账号 (QQ/ 微信 / 微博号等)、毕业学院名称、生源地所在城市、工作单位、工作所在地区等
		B-3-5 校友基本信息 (L1)	单位性质、工作所在地区、用户类别、院系代码、专业 ID 等
		B-3-6 合作方人员敏感信息 (L3)	厂商负责人电话、个人地址、个人电话等
C- 业务类	C-1 资产类	C-1-1 国资敏感信息 (L3)	申请人联系电话
		C-1-2 国资详细信息 (L2)	所在建筑、资产编号、分管单位、出厂号、使用单位、国资房建号、资产名称、规格、使用方向名、场所名称、生产厂家、负责人、使用人、领用人姓名、经办人、采购人等
		C-1-3 建筑敏感信息 (L3)	经办人电话、承租人联系电话、大产权证号、分户产权证号
		C-1-4 建筑详细信息 (L2)	单位责任人、所有权人、单位责任人名称、承租人姓名
		C-1-5 建筑基本信息 (L1)	使用单位名称、分管单位、管理单位、建筑面积、总占地面积 (公顷)、分配状态、使用状态等
		C-1-6 学校信息 (L2)	校区、学校产权、房间编号、校区名称等
		C-1-7 教学楼及教室敏感信息 (L3)	照片

续表四

一层大类	二层子类	范　围	数 据 示 例
C- 业务类	C-1 资产类	C-1-8 教学楼及教室详细信息 (L2)	教学班号、教室所在校区、教室名称、楼层、教室名称、操作人姓名、负责人等
		C-1-9 教学楼及教室基本信息 (L1)	教学楼教室隶属、教学楼教室用途、教学楼使用、教学楼层次、教学楼名称等
		C-1-10 网络与系统敏感信息 (L3)	邮箱、网站 / 系统负责人邮箱、网站 / 系统负责人电话、服务器所在房号 / 楼层、设备或系统管理密码、中控固件版本号、教学区地址栏分布、家属区地址栏分布等
		C-1-11 网络与系统详细信息 (L2)	领用人、仪器管理员姓名、使用人员、保管人、网站 / 系统负责人、机房名称、机房类型、设备物理地址、机房巡检任务时间、内存、对接方式、网站或系统名称、操作系统、域名、设备 IP、URL、备案状态、网络状态等
		C-1-12 仪器设备详细信息 (L2)	资产编号、所属学院、结束日期、领用单位、使用单位等
		C-1-13 仪器设备基本信息 (L1)	厂家名称、仪器状态、使用方向、购置日期等
		C-1-14 图书详细信息 (L2)	书目创建人员、书目编目人员、书目审校人员等
		C-1-15 图书基本信息 (L1)	条码号、创建时间、题名、出版社等

续表五

一层大类	二层子类	范　围	数据示例
C-业务类	C-2 教学类	C-2-1 教学改革详细信息 (L2)	教学改革课题组长、教学改革项目负责人、教学改革所有项目组成员、项目名称、所属院系等
		C-2-2 教学改革基本信息 (L1)	教学改革状态、刊物名称、收录情况、总人数、立项状态等
		C-2-3 教学活动敏感信息 (L3)	教学活动个人证件号等
		C-2-4 教学活动详细信息 (L2)	教学活动名、学院号、专业号、开课院系、教学计划号等
		C-2-5 教学活动基本信息 (L1)	教学活动立项情况、获奖情况、教材入选情况、辅导员在职状态、担任本科生班主任学生数等
		C-2-6 实践活动敏感信息 (L3)	所在院系、负责人手机号、实践活动地址、团队负责人邮箱、团队负责人身份证号、学科竞赛个人身份证号、学科竞赛个人银行卡号、学科竞赛个人邮箱、学科竞赛个人简历等
		C-2-7 实践活动详细信息 (L2)	活动人员名称、活动联系人、实践活动基地负责人、实践活动基地联系人、学科竞赛名、学科竞赛操作者姓名、学科竞赛QQ、实践活动/竞赛组织名称、项目名称、审核意见、附件等

续表六

一层大类	二层子类	范　围	数 据 示 例
C- 业务类	C-2 教学类	C-2-8 实践活动基本信息 (L1)	实践活动/竞赛学年、学期、审核状态、同步类型、比赛等级、竞赛排序、党校活动名称、党校活动日期、党校排名、党校奖励等级等
		C-2-9 授权点详细信息 (L2)	授权点负责学院、协助学院、所属学院、一级学科博士学院等
		C-2-10 授权点基本信息 (L1)	授权点授权级别、学科门类名称、类别名称、涉及一级学科等
		C-2-11 课程敏感信息 (L3)	课程关联个人联系邮箱
		C-2-12 课程详细信息 (L2)	课程确认人、课程名、课程审核人、课程负责人、课程创建人、课程校区、上课地点、教学班号、选课专业、课程学分等
		C-2-13 课程基本信息 (L1)	课程创建时间、课程状态、课程学时、课程所用教材、课程考核方式等
		C-2-14 成绩详细信息 (L2)	姓名、学生成绩操作者、民族、学生成绩录入人、学分、必修课学分、最少学分、课程总学分、评价得分等
		C-2-15 成绩基本信息 (L1)	学生成绩录入时间、教学班 ID 等
		C-2-16 答辩详细信息 (L2)	学生答辩秘书姓名、学生答辩操作者姓名、学生答辩申请操作人姓名、答辩记录、答辩记录附件、答辩中提出的问题和回答情况、排名等

续表七

一层大类	二层子类	范　围	数　据　示　例
C- 业务类	C-2 教学类	C-2-17 答辩基本信息 (L1)	学生答辩公布日期、答辩决议、答辩地点、答辩日期等
		C-2-18 评教信息 (L2)	评教督导姓名、评教创建人、评教最近操作人、评教被评人、评教教学班名称、教师院系、职称等
		C-2-19 教材敏感信息 (L3)	联系电话
		C-2-20 教材详细信息 (L2)	姓名、主编姓名
		C-2-21 教材基本信息 (L1)	出版单位、第一作者职称、教材适用校内专业名称等
		C-2-22 考试信息 (L1)	试卷标题、考试星期、考试结束时间等
		C-2-23 授位信息 (L1)	授位一级学科、授位时间、授位论文题目、授位年度、授位状态等
		C-2-24 专业详细信息 (L2)	操作者姓名、专业负责人
		C-2-25 专业基本信息 (L1)	专业来源、专业数据状态、专业英文名等
	C-3 科研类	C-3-1 科研敏感信息 (L3)	科研成果个人地址、科研成果作者地址、当前著录项联系人地址等
		C-3-2 科研详细信息 (L2)	科研项目个人姓名、科研团队负责人姓名、科研团队经费负责人、科研项目名称、成果发证机关等

续表八

一层大类	二层子类	范　围	数　据　示　例
C- 业务类	C-3 科研类	C-3-3 科研基本信息 (L1)	科研项目所属单位、学科门类、项目时间、项目报告地点、申请号、公告号、专利状态、专利等级等
		C-3-4 科研团队信息 (L1)	科研团队荣誉称号、科研团队教师类别、科研成果一级学科、科研成果二级学科等
		C-3-5 论文敏感信息 (L3)	论文作者邮箱、出生日期、论文审评人等
		C-3-6 论文详细信息 (L2)	姓名、论文代理人、论文当前权利人、论文创建人、论文机构、论文认领人单位、论文作者机构、论文会议名称等
		C-3-7 论文基本信息 (L1)	论文唯一号、论文发表年月、论文页码、论文语种等
		C-3-8 学术交流信息 (L2)	学术交流会议地点、学术交流会议主办方、学术交流会议名称、学术交流会议名称等
	C-4 办公类	C-4-1 办公流程敏感信息 (L3)	联系人电话、联系人地址、联系人邮箱、来电号码
		C-4-2 办公流程详细信息 (L2)	办公流程人员性别、办公流程人员学院、办公流程人员本科生专业、办公流程人员学院、办公流程审批人姓名、办公流程发起者姓名、办公流程申请人、办公流程承办人、办公流程合同ID、合同编号、合同名称、合同金额、申请单位等

一层大类	二层子类	范　围	数 据 示 例
C- 业务类	C-4 办公类	C-4-3 办公流程基本信息 (L1)	办公流程工单备注、关键字、处理结果、反馈时间等
		C-4-4 督办督查敏感信息 (L3)	督办督查手机号、督办督查短信内容、督办督查录入人
		C-4-5 督办督查详细信息 (L2)	督办督查评价人、督办督查签收人、督办督查回复人、督办督查人姓名、督办督查核验人、督办督查核验意见、督办督查责任单位、督办督查责任单位等
		C-4-6 督办督查基本信息 (L1)	督办督查工作进度、督办督查签收状态、督办督查完成时限、督办督查流程 ID 等
		C-4-7 考核考评敏感信息 (L3)	评价人电话
		C-4-8 考核考评详细信息 (L2)	考核考评评价人姓名、考核考评录入人、考核考评内容、考核考评总分、考核考评绩效总分排名等
		C-4-9 考核考评基本信息 (L1)	考核考评 ID、考核考评标题、考核考评录入时间、考核考评排序、考核考评权重等
	C-5 财务类	C-5-1 财务敏感信息 (L3)	学生缴费欠费金额、学生缴费退费金额、财务经费卡号、财务流水号、财务项目密码、经费银行编号、收费单号等

续表十

一层大类	二层子类	范　围	数 据 示 例
C- 业务类	C-5 财务类	C-5-2 财务详细信息 (L2)	财务发卡人、财务经办人、财务负责人、财务授权人、财务行政负责人、收费个人姓名、收费生成人、收费记账人、收费复核人、收费创建人名称、部门、单位、项目名称、内容、合同编号等
		C-5-3 财务基本信息 (L1)	财务审核次数、财务滞纳金率、财务条码号、财务数目记录号、经费税率、经费科目编号、收费年度、收费价格编号、收费周期、收费费用笔数、预算年度、预算名称、预算轮次、预算年度、党费预留、党费超出缴费、实缴党费、党费支付时间、党费下单时间等
	C-6 应用数据类	C-6-1 健康医疗敏感信息 (L3)	医保年度、上年度参保类型、新医保类型、医保参保需支付费用、医保参保余额、医保参保时学院、体检支付详情、体检扣款金额、体检检查科室、体检应缴金额、体检异常说明、体检类型、体检年份、体检身份证号、体检说明、体检门诊诊断等
		C-6-2 健康医疗详细信息 (L2)	就诊人姓名、就诊人性别、就诊人就诊时间、体检支付人、体检学生姓名
		C-6-3 健康医疗基本信息 (L1)	就诊人学工号、医保申请ID、医保模块类型、医保年度、上年度参保类型、新医保类型、体检收费模板、收费调查问卷ID、收费订单编号、收费扣款类型、疫苗接种收费项名称、疫苗接种时间、疫苗接种状态等

一层大类	二层子类	范 围	数据示例
C- 业务类	C-6 应用数据类	C-6-4 网络运维敏感信息 (L3)	访问账号、重要任务相关部门联络人电话、重要任务相关公司联系人电话等
		C-6-5 网络运维详细信息 (L2)	重要任务负责人、重要任务相关公司联络人、VPN 日志明细客户端 IP 地址、统一认证登录日志登录 IP、应用系统虚拟服务器出口防火墙配置、应用系统专网数据中心防火墙配置、网络重要任务工作内容、相关公司、CAS 认证信息等
		C-6-6 网络运维基本信息 (L1)	CPU 状态、磁盘使用率、操作系统版本等
		C-6-7 上网详细信息 (L2)	流量使用情况、上网操作者姓名
		C-6-8 上网基本信息 (L1)	登录 IP、登录 MAC、MAC 地址、NASIP、当前余额
		C-6-9 高算敏感信息 (L3)	课题组与学院联系方式
		C-6-10 高算详细信息 (L2)	高性能计算部门课题组组长、存储调度节点集群名、完成作业费用、存储作业用户、高性能计算部门上级单位、存储许可证许可服务器、存储显存采集时间、CPU 风扇速度、存储用户登录时间等
		C-6-11 一卡通敏感信息 (L3)	一卡通交易流水表交易金额、一卡通用户联系电话、缴费平台、缴费证件号

续表十二

一层大类	二层子类	范　围	数 据 示 例
C- 业务类	C-6 应用数据类	C-6-12 一卡通详细信息 (L2)	用户姓名、门禁姓名、交易账户号、账户卡号等
		C-6-13 一卡通基本信息 (L1)	身份名称、商户名称、销户账户状态等
		C-6-14 统计指标敏感信息 (L3)	派工单联系电话、认证系统对接清单联系方式、基地负责人联系电话、本科生院负责人手机号、指标内容、投入经费、教育经费专业建设支出
		C-6-15 统计指标详细信息 (L2)	办件记录表负责人、派工单厂商负责人姓名、认证系统对接申请人姓名、人事处指标部门联络人、基地负责人等
		C-6-16 统计指标基本信息 (L1)	本科生人数、医保参保人员统计申请人数、学院体检统计待缴费人数、评价方案名称等
		C-6-17 账号详细信息 (L2)	认证用户姓名、账号状态、账号权限、权限级别等
		C-6-18 账号敏感信息 (L3)	用户密码、VPN 密码、堡垒机地址、手机号、电子信箱、访问记录、安全问题和答案、绑定信息等
	C-7 学工类	C-7-1 学生学籍敏感信息 (L3)	证件号、联系方式、辅导员联系方式、紧急联系人电话等
		C-7-2 学生学籍详细信息 (L2)	姓名、性别、出生日期、学籍异动原因、研究生学籍异动管理员姓名、优研计划录取姓名、研究生学籍异动现专业、本科生学籍异动现学校、研究生学籍异动申请时间、研究生学籍异动所去学校等

续表十三

一层大类	二层子类	范　围	数据示例
C-业务类	C-7 学工类	C-7-3 学生学籍基本信息 (L1)	研究生学籍异动审批文号、本科生学籍异动生效日期等
		C-7-4 学生奖惩敏感信息 (L3)	银行卡号、奖励金额、助学贷款学费、研究生贷款合同号、研究生贷款日期等
		C-7-5 学生奖惩详细信息 (L2)	研究生荣誉称号姓名、助学金发放人、本科生困难生评定家庭人均年收入、助研津贴酬金发放姓名、思政荣誉获奖者姓名、个人荣誉称号奖励原因、学生处分违纪日期、学生处分申诉结果、集体荣誉称号奖励原因等
		C-7-6 学生奖惩基本信息 (L1)	奖惩级别、集体荣誉称号审核状态、资助奖励名称、奖励类型、国防教育获奖活动名称等
		C-7-7 学生考勤详细信息 (L2)	姓名、所在学院、签到时间、上课教师姓名等
		C-7-8 学生考勤基本信息 (L1)	签到日期、课表编号、课堂考勤签到课程名称、上课地点等
		C-7-9 学生考核信息 (L2)	学生考核操作人姓名、学生考核录入人姓名、学生考核成绩提交人姓名、学习考核一级学科/领域
		C-7-10 学生宿舍敏感信息 (L3)	学生联系方式、紧急联系人电话、宿舍号、住宿详细地址、宿舍电话号码等
		C-7-11 学生宿舍详细信息 (L2)	学生姓名、所在院系、专业、调宿信息入住人姓名、卫生检查楼号、宿舍楼名称、宿舍房间号、学校每日用水组织名称等
		C-7-12 学生宿舍基本信息 (L1)	学号、宿舍楼、卫生检查时间、卫生检查区域、宿舍学生类别等

续表十四

一层大类	二层子类	范　围	数 据 示 例
C- 业务类	C-7 学工类	C-7-13 招生录取敏感信息 (L3)	考生证件号、考生姓名、家庭成员联系方式、招生通信地址、招生推荐人电话等
		C-7-14 招生录取详细信息 (L2)	本科生录取姓名、优研计划录取姓名、研究生注册日期、本科生录取学院名称、优研计划录取复试成绩
		C-7-15 招生录取基本信息 (L1)	本科生录取年份、本科生招生类别录取人数、研究生硕士招生考点说明、研究生招生批次状态等
		C-7-16 学生就业敏感信息 (L3)	个人简历、单位地址、中转航班 /车次、中转地详细地址等
		C-7-17 学生就业详细信息 (L2)	姓名、审核人、单位联系人、签往单位所在地名称、报到证签往单位名称、单位所在地、工作岗位等
		C-7-18 学生就业基本信息 (L1)	毕业去向名称、专业方向、报到期限、试用起薪、签约状态等
		C-7-19 学生成果信息 (L2)	学生成果姓名、学生成果编者、学生成果编者原名等
	C-8 教职工管理类	C-8-1 教职工奖惩详细信息 (L2)	获奖所属单位、工作内容简述、颁奖单位、获奖授予单位等
		C-8-2 教职工奖惩基本信息 (L1)	获奖本人排名、本人角色、颁奖日期、奖励名称

续表十五

一层大类	二层子类	范　围	数 据 示 例
C- 业务类	C-8 教职工管理类	C-8-3 教职工考核信息 (L2)	个人小结、考核内容、考核人姓名、审批人姓名等
		C-8-4 教职工离退休详细信息 (L2)	本人姓名、家庭成员姓名、退休前所在单位、出生日期、健康状况、赡养人、退休后管理单位等
		C-8-5 教职工离退休基本信息 (L1)	职工号、退休时间、参加工作年月、离退类别、退休后享受级别、退休比例、子女是否在国外等
	C-9 外事类	C-9-1 国际交流敏感信息 (L3)	国境外人员来访邀请人电话、国境外人员来访专家照片、外国专家来访项目专家护照、教师出国(境)情况手机号、学生出国(境)情况护照号码
		C-9-2 国际交流详细信息 (L2)	国际化活动姓名、教师出国(境)情况成员姓名、学生出国(境)情况学生姓名、研究生高水平国际会议主办单位、国境外人员来访工作内容、主办国际学术会议议题、研究生国际联合培养主要成果、国境外人员来访费用说明、国境外人员来访讲座报告、国境外人员来访历史经费内容等
	C-10 校园管理类	C-10-1 报修管理敏感信息 (L3)	报修人电话、报修单详细地址、处理人电话、维修费用等
		C-10-2 报修管理详细信息 (L2)	创建人姓名、报修单单号、报修事项、小额专项事项、报修评价反馈等
		C-10-3 采购敏感信息 (L3)	订单收货人电话、成交记录联系电话、项目信息采购联系人手机号、合同经费卡号

续表十六

一层大类	二层子类	范　围	数　据　示　例
C- 业务类	C-10 校园管理类	C-10-4 采购详细信息 (L2)	订单采购人姓名、采购办项目负责人、合同信息录入人、申购单位、订单销售单位、成交记录单位名称、合同承办单位名称、竞价网申购中标总额、项目合同明细、学院固定资产采购设备名称、党政服务机构固定资产拟购数量、申购单号、合同审批状态等
		C-10-5 车辆管理敏感信息 (L3)	车辆缴费记录交易流水号、车辆行驶证、车辆驾驶证、车辆所有者电话、车辆所有者地址、车辆所有者邮箱
		C-10-6 车辆管理详细信息 (L2)	车辆进出校区、车辆工作单位、车辆进出车牌号、车辆全图、车辆人员姓名、车辆所有人、车辆车位持有人、车辆进出人员卡号等
		C-10-7 车辆管理基本信息 (L1)	车辆缴费信息 ID、车辆停车场名称、车辆人员工资号等
		C-10-8 管网管线信息 (L2)	管网行线表校区、管网点位权属单位、管网行线管线编号、管网行线表建设日期、管网点位区域、管网点位所在道路等
		C-10-9 媒体敏感信息 (L3)	稿件作者联系方式、部门人员手机号、选题人联系电话
		C-10-10 媒体详细信息 (L2)	新闻策划任务联系人、线索提交人、稿件发布人、微信文章提交者、新闻策划任务主办单位、选题内容、媒体电话、资源库文件路径等
		C-10-11 媒体基本信息 (L1)	新闻策划任务回稿时间、选题名称、线索状态、稿件标题、媒体封面图等

一层大类	二层子类	范　围	数据示例
C-业务类	C-10 校园管理类	C-10-12 门禁敏感信息 (L3)	门禁关联录像、研讨室门禁密钥等
		C-10-13 门禁详细信息 (L2)	门禁人员姓名、图书馆进馆读者姓名、门禁卡号、图书馆位置、图书馆进馆人员卡编号等
		C-10-14 门禁基本信息 (L1)	门禁ID、图书馆门禁编号、图书馆进馆闸机编号、研讨室门禁设备ID等
		C-10-15 能源管理敏感信息 (L3)	区域详细地址、区域租费
		C-10-16 能源管理详细信息 (L2)	原始数据采集员、结转费用数据审核员、收费信息操作员、供暖校区、供应商电话、结转费用用户、收费实收金额、学校每日用电设备ID、学校每日用水设备安装位置、供暖室内温度等
		C-10-17 图书管理敏感信息 (L3)	活动接口API验证密码、读者手机号码、读者密码、读者地址等
		C-10-18 图书管理详细信息 (L2)	图书借阅姓名、办证人员、借书经手人、附属卡号、读者单位、图书调拨卡号、图书馆借阅人员当前状态、图书馆现金事务支付方式等
		C-10-19 预约敏感信息 (L3)	体育馆预约人员联系方式、实验室预约人联系方式、实验室预约修改人联系方式等
		C-10-20 预约详细信息 (L2)	预约者姓名、操作员、项目价格、预约支付单号等

续表十八

一层大类	二层子类	范　围	数据示例
C- 业务类	C-10 校园管理类	C-10-21 预约基本信息 (L1)	预约取书点、预约信件日期、预约信件状态、预约读者 ID 等
		C-10-22 自助打印详细信息 (L2)	自助打印终端位置、预约打印终端 IP、预约打印所属校区、预约打印服务器电话等
		C-10-23 自助打印基本信息 (L1)	自助打印机器编号、预约打印加纸数量、预约打印加墨时间、预约打印加墨数量、预约打印终端机状态等
	C-11 合作管理类	C-11-1 合作伙伴敏感信息 (L3)	传真、电话、邮箱、地址等
		C-11-2 合作伙伴详细信息 (L2)	合作方简介、合作签约时间、合作学校概况、合作内容等

7. 审核上报

组织形成数据分类分级清单、重要数据和核心数据目录，并对数据进行分类分级标识后，报送重要数据和核心数据的目录信息至上级主管部门。如果审核未通过，需要根据反馈意见进行调整和优化。首先，要仔细分析上级部门的审核意见，找出未通过的具体原因，可能涉及到数据分类标准的不符合、数据分类不够准确或完整等问题。然后，根据反馈意见重新对数据进行分类和分级，可能包括重新评估数据的重要性、重新划分数据的安全级别，或者调整分类标准和标识方式等。在完成以上调整后，再次对数据进行分类分级标识，确保重新标识的数据能够清晰地反映其重要性和安全级别，并按照规定程序重新提交给上级主管部门进行审核。

8. 动态更新变化

在数据分类分级工作完成后，当数据的业务属性、重要程度和可能造成的危害程度变化时通常需要进行动态更新，动态更新常见情形包括但不限于以下6种。

(1) 数据规模变动。随着数据量的增加或减少，原有的安全级别可能不再符合当前的数据规模，需要进行相应调整。

(2) 数据内容变化。若数据内容本身发生变化，如新增、删除或修改信息，其分类和分级也可能需要随之改变，以确保与新内容相匹配。

(3) 非数据内容变化。即使数据内容未变，但数据的时效性、应用场景、加工处理方式或数据规模的变化也可能影响数据的价值、风险或敏感度，因此可能需要对原有的数据级别进行修订。

(4) 数据整合。当不同来源、不同级别的数据整合时，可能会产生新的数据类别或级别，原有的数据级别可能不再适用于整合后的数据集。

(5) 法规政策调整。随着国家或行业主管部门对数据保护和管理要求的调整，可能需要对数据的分类分级进行相应的更新，以确保合规性。

(6) 其他特殊情形。除上述情形外，还可能存在其他需要变更数据级别的特殊情况，如技术革新、业务需求变化等。

9. 制定数据安全管控策略

在完成数据分类分级工作后，组织还需要根据国家关于核心数据、重要数据、个人信息、公共数据等的安全要求，以及各行业领域的数据分类分级保护要求，建立数据分类分级保护策略。这一策略的核心是要确保数据的全流程管理和保护，管控策略包括以下四个原则：

(1) 核心数据严格管理。根据《中华人民共和国数据安全法》的要求，对于关系国家安全、国民经济命脉、重要民生、重大公共利益等核心数据，实行更加严格的管理制度。这类数据一旦遭到篡改、破坏、泄露或非法利用，将对国家安全和公共利益造成重大危害，因此需要采取最高级别的保护措施。

(2) 重要数据重点保护。重要数据的保护侧重于防止其遭到破坏或非法利用，以避免对经济社会发展和个人、组织合法权益造成重大影响。各行业需要根据实际情况，制定具体的保护措施和策略，以确保重要数据的安全。

(3) 个人信息安全合规。对于个人信息，需要严格按照国家相关法律法规进行保护，确保个人信息的隐私和安全。组织需建立健全的个人信息保护机制，防止个人信息的泄露和滥用。

(4) 一般数据分级保护。对于一般数据，应根据其敏感程度和可能带来的影响进行分级保护。不同等级的数据应采取不同的保护措施，确保数据在整个生命周期内都能得到适当的安全保护。

按照以上原则可以形成一个全面的数据分类分级保护策略，确保不同类型的数据在各个环节都得到应有的保护。以数据采集环节为例，高等院校将不同数据管控要求和安全级别对应起来，以便于各部门落实具体的保护措施。这种策略不仅符合国家和行业的安全要求，还能有效提升组织的数据安全管理水平，确保数据资产的安全和合规，如表 5-11 所示为高等院校制定的数据采集环节保护要求映射表。

表 5-11　高等院校制定的数据采集环节保护要求映射表

类　别	L1	L2	L3	L4	L5
待采集数据保护	—	—	待采集数据采取数据加密保护		
待采集数据留存	—	待采集数据不得私自留存			
采集账号权限管理	依据权限最小化原则分配采集账号权限，不得采集提供服务所必需以外数据。采集账号应单独创建账号，不得与被采集方共享账号				
采集设备接入管理	应对采集设备进行备案，记录其设备编号、MAC 地址等属性，以便在接入数据源时对设备或系统进行鉴别				
采集数据源管理	采用数据源鉴别手段对数据源进行鉴别、记录和追溯，检测数据是否被仿冒、伪造				
采集监控告警	记录采集日志，对重复采集、采集异常、传输量超过设定阈值的情况进行告警				
采集人员管理	对业务老师、中台管理员发送采集账户或其他业务内容时应使用校内邮箱进行发送，不得使用微信、QQ 等通讯工具进行发送				

参 考 文 献

[1] 裴伟杰，王国庆．计算机网络安全 [J]．江西公安专科学校学报，2001(03)：27.

[2] 张峥．基于访问控制技术的银行网络安全研究及应用 [D]．重庆市：重庆大学，2007.

[3] 何婷婷，刘洋．基于校园网的信息安全策略的研究 [J]．福建电脑，2007，23(07)：66-67.

[4] 李重明．有效利用信息化成果助力企业规范化管理：谈办公自动化在企业运营中的应用 [J]．理论学习与探索，2014(04)：60-61.

[5] 余凡．2023 年 3 月简明时政 [J]．中学政史地 (初中适用)，2023(04)：3-7.

[6] 曹杰，杨涛．探析数字化赋能高校宣传思想文化工作 [J]．北京科技大学学报 (社会科学版)，2024，40(02)：33-39.

[7] 唐亚南．新舆论格局下如何提高网络舆论的引导力 [J]．今传媒，2023，31(10)：126-129.

[8] 黄亦宁．从网络大国到网络强国：中国互联网治理的政治逻辑与实践路径 [J]．国际公关，2024(15)：109-111.

[9] 秦顺．循证政策视角下我国数据确权的法理解析与规范路径 [J]．图书馆建设，2022(02)：58-69，79.

[10] 童丽维．新高考背景下高中思想政治学科核心素养的培育策略 [J]．高考，2024(22)：153-155.

[11] 刘忠．基于大数据的知识发现模型研究 [C]// 中国科学技术协会，云南省人民政府．第十六届中国科协年会：分 6 技术信息传播与标准化国际研讨会论文集．乐山职业技术学院，2014：5.

[12] 李尧．从 PDR 模型的发展过程看信息安全管理 [J]．电子产品可靠性与环境试验，2012，30(4)：35-37.

[13] 朱胜涛，温哲，位华，等．注册信息安全专业人员培训材料 [M]．北京：北京师范大学出版社，2020.

[14] 朱光磊．计算机网络安全及防火墙技术 [J]．电脑知识与技术，2016，12(10)：2.

[15] 方自远，王栋．网络防火墙技术 [J]．电脑知识与技术，2018，14(32)：30-32.

[16] 刘丽君．基于防火墙的网络安全策略 [J]．科技创新与应用，2015(30)：1.

[17] 高号，沈诚，万雷．数据中心柴油发电机冬季保温余热回收系统应用实例研究 [J]．暖通空调，2024(54)：10.

[18] 国际标准组织 (ISO)，国际电工委员会 (IEC)．ISO/IEC 27001:2013[S]．瑞士：国际标准组织 (ISO)，国际电工委员会 (IEC)，2013.

[19]　王洁 . 广播电视发射机房一体化监控简介 [J]. 技术应用，2022(1)：39.

[20]　中央网络安全和信息化委员会办公室 . 国家网络安全事件应急预案 [S]. 北京：中央
网络安全和信息化委员办公室，2017.

[21]　中央网络安全和信息化委员会办公室 . 网络安全事件报告管理办法 (征求意见稿)[S].
北京：中央网络安全和信息化委员会办公室，2023.

[22]　中共中央，国务院 . 关于构建更加完善的要素市场化配置体制机制的意见 [Z]. 中国政
府网，2020-04-09/2020-05-30. https://www.gov.cn/zhengce/2020-04-09/content_5500622.htm.

[23]　中共中央，国务院 . 党和国家机构改革方案 [EB/OL]. 中国政府网，2023-03-16.
https://www.gov.cn/gongbao/content/2023/content_5748649.htm.

[24]　马倩雯，郭涛，吴琳，等 . 西安电子科技大学数据管理体系构建思路 [J]. 中国教育网
络，2023(10)：70-73.

[25]　国家标准化管理委员会 . GB/T 35295—2017 信息技术 大数据 术语 [S]. 北京：中国标
准出版社，2018.

[26]　国家标准化管理委员会 . GB/T 34960. 5—2018 信息技术服务 治理 第 5 部分：数据治
理规范 [S]. 北京：中国标准出版社，2018.

[27]　中国通信标准化协会 . 数据治理标准化白皮书 [S]. 北京：中国通信标准化协会，2021.

[28]　DAMA International. DAMA 数据管理知识体系指南 DAMA-DMBOK2[M]. 机械工业
出版社 . 2014.

[29]　中国信息通信研究院 . 数据资产管理实践白皮书 (4.0 版)[M]. 北京：中国信息通信研
究院，2019.

[30]　中共中央，国务院 . 关于构建数据基础制度更好发挥数据要素作用的意见 [EB/OL].
中国政府网，2022-12-19/2024-05-30. https://www.gov.cn/zhengce/202212/content_
6722687.htm.

[31]　中共中央，国务院 . 数字中国建设整体布局规划 [EB/OL]. 中国政府网，2023-02-27/
2024-05-30. http://www.gov.cn/zhengce/2023-02-27/content_5743484.htm

[32]　国家标准化管理委员会 . GB/T 20986—2023 信息安全技术网络安全事件分类分级指南 [S].
北京：中国标准出版社，2023.

[33]　中国信通院，中国通信标准化协会 . 数据安全治理实践指南 (3.0)[Z]. 北京：中国通
信标准化协会大数据技术标准推进委员会，2023.

[34]　中国计算机行业协会 . T/CCIASC 0006—2024 数据分类分级产品技术要求 [S]. 北京：中
国计算机行业协会，2024.

[35]　任兴，王英杰，李冰 . 基于 DSMM 的数据安全评估方案设计研究 [J]. 电脑知识与技术，
2024(001)：020.

[36]   国家标准化管理委员会．GB/T 43697—2024 数据安全技术 数据分类分级规则 [S]．北京：中国标准出版社，2024．

[37]   中国人民银行．JR/T 0197—2020 金融数据安全 数据安全分级指南 [S]．北京：全国金融标准化委员会，2020．

[38]   国家互联网信息办公室．网络数据安全管理条例 (征求意见稿)[Z]．北京：国家互联网信息办公室，2021．

[39]   全国信息安全标准化技术委员会．网络安全标准实践指南：网络数据分类分级指引 [S]．广州：中国电子技术标准化研究院，2021．

[40]   陈华．网格的安全体系结构 [D]．西安：西安电子科技大学，2004．

[41]   宋晨晖．数据生存周期框架下学术图书馆用户画像合规依据梳理 [C]．中国图书馆学会年会论文集 (2022 年卷)．2023：8-18．DOI：10.26914/c.cnkihy.2023.072273．

[42]   周杨．基于大数据的 YL 公司互联网支付风险控制研究 [D]．广州：广东工业大学，2020．DOI：10.27029/d.cnki.ggdgu.2020.002242．

[43]   刘榴，支野．公安交通管理数据分类分级管理路线研究 [J]．道路交通管理，2023(05)：40-43．

[44]   虞萍，周南．高校科学开展数据分类分级策略 [J]．中国教育网络，2024(05)：70-73．

[45]   王文辉．公共资源交易数据分类分级的探讨 [J]．招标采购管理，2023(05)：53-56．

[46]   董潇，郭超，张玙诗．金融数据分类分级：举一纲而万目张 [J]．法人，2023(01)：83-86．

[47]   陈兵．数字企业数据跨境流动合规治理法治化进路 [J]．法治研究，2023(02)：34-44．

[48]   王逸鹤，王登奎，李东，等．考试数据分类分级研究 [J]．网络安全技术与应用，2024(07)：72-76．

[49]   李瑞，贾申，钟俊鹏，等．金融数据的分类分级与全生命周期保护 [C]．《上海法学研究》集刊 2022 年第 12 卷：中伦律师事务所卷．2023：288-294．DOI：10.26914/c.cnkihy.2023.005426．

[50]   张乃静，纪平，肖云丹．林草科学数据安全管理与防护 [J]．农业大数据学报，2024，6(03)：392-399．DOI：10.19788/j.issn.2096-6369.000033．

[51]   朱旻昊，裴倩倩．商业银行数据分类分级管理研究 [J]．金融纵横，2021(10)：24-27．

[52]   吴世忠，江常青，林家骏．信息安全保障与评估 [M]．华东理工大学出版社，2014．

[53]   沈敦厚．网络信息安全原理和应用 [M]．海口：海南出版社，2006．

[54]   郑贤斌．油气管网全生命周期安全保障关键技术 [M]．北京：石油工业出版社，2022．

[55]   王嘉鹏．基于防火墙的网络安全技术探讨 [J]．中文信息，2019．

[56]   吴世忠，江常青，孙成昊，等．信息安全保障 [M]．北京：机械工业出版社，2014．

[57]   朱节中，姚永雷．信息安全概论 [M]．北京：科学出版社，2016．